用動物行為學剖析毛孩的需求與不安
共享愜意的人貓生活

貓咪行為說明書

動物行為學家、獸醫
茂木千惠・監修　ひぐちにちほ・漫畫
何姵儀・譯

前言

不管飼主有多疼愛貓咪，但有時貓咪的行為就是會讓人們感到苦惱，不懂牠們為何會如此。

雖然每個家庭的情況不同，不過貓咪的行為模式還是可以大致分為下列這幾種。究其原因，其實隱藏著2個重要理由。

- **貓咪特有的需求沒有得到滿足**
- **生活環境無法讓貓咪展現本性行為**

大家應該會很好奇，「貓咪特有」、「貓咪本性」這些詞彙到底是什麼意思？

最基本的大前提，就是貓不是縮小版的人類，跟狗也不一樣。

要是錯把貓這個生物，當成生態、習性和人類或其他動物相同的話，說不定就會讓牠們生活在不適當的環境之中，進而導致貓咪出現問題行為。

在為貓狗進行「行為療法」時，我通常會根據動物行為學驗證的

結果來尋找線索，思考要如何解決問題行為帶來的困擾，之後再引導進入治療。

至於動物行為學，則是一門研究各種動物的行為、探索牠們的適當生活環境與生態之學問（詳細內容請見第7頁的漫畫）。

若要解決貓咪的問題行為，勢必要先了解牠們的習性，並且整理出一個適當的生活環境。

本書以飼主實際遇到的問題為案例，除了探討貓咪常見的問題行為，還要從動物行為學的角度來為大家介紹因應的解決對策。

在規劃幸福的人貓共居生活時，希望這本書能為貓咪及飼主提供一個實用的參考指南。

動物行為學家・獸醫

茂木千惠

目錄

第1章 排泄問題的困擾

第2章 進食問題的困擾

第3章 攻擊行為的困擾

第4章 焦慮行為的困擾

第5章 多貓飼養的困擾

第6章 其他問題的困擾

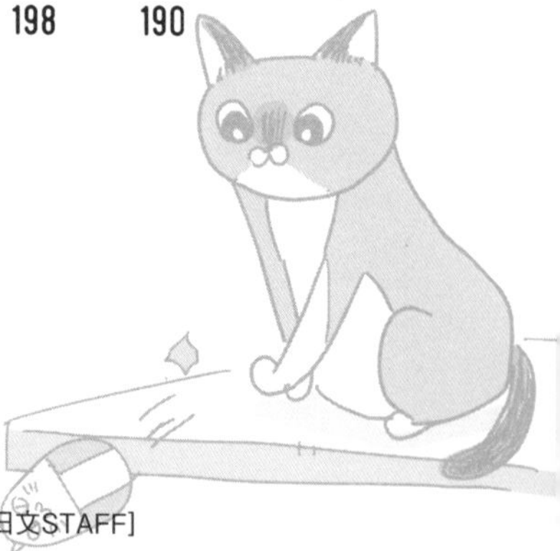

[日文STAFF]

書籍設計	澁谷明美
漫畫	ひぐちにちほ
插畫	深尾竜騎
校對	北原千鶴子
DTP	伊大知桂子(主婦の友社)
編輯	伊藤英理子
責任編輯	松本可絵(主婦の友社)

※刊載於本書的案例以「@主婦の友」的讀者調查中之養貓飼主的回答為基礎，為了不針對某特定個人而有改編過部分細節。

貓咪專欄

經常這樣 解讀貓咪的行為！

動物行為學所關注的現今熱門貓事

貓咪對我們人類來說是一種熟悉的生物。
可是，只要仔細觀察貓的生活，就會發現牠們有許多奇妙的習性。
喜歡高的地方♥
磨爪很重要
上完廁所後會撥沙
老是在睡
喜歡狹窄的地方♥

而能幫助大家去了解貓咪們與生俱來習性的就是「動物行為學」。
除了動物的生態與習性，「動物行為學」還和解析人類的心理學一樣，也能研究動物的想法與感情。
茂木千惠醫師
貓咪研究的範例
牠們是如何狩獵？
貓的親子關係如何？
飛機耳時的貓咪心理
何謂動物行為學
・研究動物行為相關的生態、習性、社會性、心理、遺傳以及演化
・研究對象是與人類關係密切的動物，例如貓狗之類的寵物（伴侶動物）或者是牛馬等家畜。除此之外，昆蟲、鳥類以及魚類等各種動物也在研究範圍內
動物心理的相關研究，在近幾年來越顯得倍受矚目。

動物行為學家通常會透過行為觀察以及基因分析等方法來進行研究。
基因分析
臨床研究
行為觀察
Family
近年來把寵物當作家庭成員之一的觀念逐漸成為主流，在這種情況之下，
飼主要如何讓寵物們無憂無慮地生活就顯得很重要。
狗和貓本身的壓力若是一直累積下去、或是需求無法得到滿足，表現出的行為就非常容易會脫序。
因此在動物行為學之中，也針對壓力以及動物們的情緒做了不少的研究。

我們採用的「行為療法」是根據動物行為學的證據所建立的，
我都一直被咬…
嗯
嗯
目的在於找出解決問題行為的線索，以便對症下藥。
所以了解寵物們是生活在什麼樣的環境之下這件事很重要。
當然，我們也會好好詢問飼主的看法。
詢問飼主的項目範例
〈以貓為例〉
☑ 貓的年齡、性別
☑ 有無結紮
☑ 家庭成員和年齡
☑ 有無同住的動物
☑ 看家的時間
☑ 什麼時候開始的？
☑ 採取了哪些對應措施？ 等等
貓咪的個性也是很重要
我行我素？
友善親人？
害羞？

有的時候我們也會親自到飼主家中訪問，看看生活環境，
到飼主家中確認環境的範例
☑ 貓床和貓砂盆的位置與數量
☑ 吃飯的地方
☑ 貓塔的位置
☑ 貓咪平常經常會待著的地方
等等
像這個樣子實際確認各種事項後，再來探索背後的原因。
只要掌握到原因，我們就會根據動物行為學加以分析，從中找出減少壓力或是滿足牠們需求的方法。
既然如此，那我們就……
只要處理的方法正確，問題行為就會緩解！這就是「行為療法」的基本原則。
我們希望做到的是，藉由改善貓的心身健康，能夠讓飼主的人貓共生生活品質有所提升。

養貓常有的困擾……
・不在貓砂盆裡大小便
・吃飯挑食
・食慾太過旺盛／沒胃口
・會咬人
・非常怕人
・黏在身邊，緊迫盯人
・與同住的貓合不來
・老是調皮搗蛋
・討厭外出籠或貓籠
等等
這些都是貓咪常見的問題行為，是吧？

既然如此，那就讓我們根據實際案例，
試著從動物行為學的角度一起來為貓咪飼主解決各種大小的困擾吧！
好——

第
1
章

排泄問題的困擾

貓的問題行為當中，最讓飼主崩潰的就是排泄問題。
天性善於記住貓砂盆位置的貓，
到底經常會發生什麼樣的問題呢？

案例
1

困擾的行為

行為
老是在窗簾與牆壁噴尿
發生時期
約從1歲到現在

貓會在窗簾或是牆壁上噴尿

吼喲！你又在噴尿……。
是因為有其他貓咪會來家中院子，所以貓咪在警戒著嗎？
噴了防標記的驅避劑，也沒什麼用。
防標記

DATA

米克斯
男生・4歲
（已結紮）

- 同住家人　本人（34）、丈夫（35）、長男（5）
- 同住動物　無　　●原有疾病　無
- 看家時間　幾乎沒有（飼主為家庭主婦，平常只有外出購物和接送孩子上幼稚園時不在）

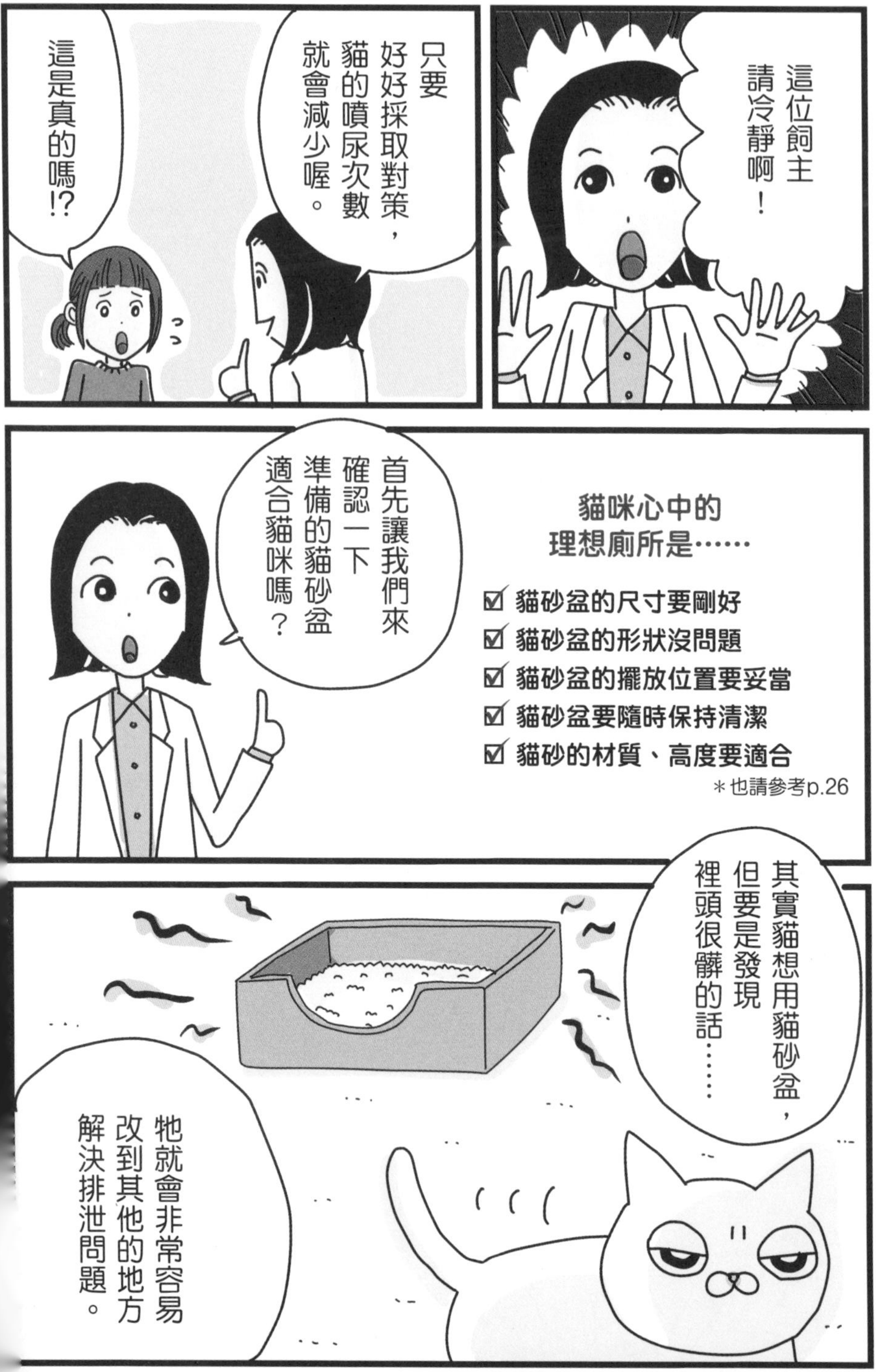
這位飼主請冷靜啊！
只要好好採取對策，貓的噴尿次數就會減少喔。
這是真的嗎!?
貓咪心中的理想廁所是……
☑ 貓砂盆的尺寸要剛好
☑ 貓砂盆的形狀沒問題
☑ 貓砂盆的擺放位置要妥當
☑ 貓砂盆要隨時保持清潔
☑ 貓砂的材質、高度要適合
＊也請參考p.26
首先讓我們來確認一下準備的貓砂盆適合貓咪嗎？
其實貓想用貓砂盆，但要是發現裡頭很髒的話……
牠就會非常容易改到其他的地方解決排泄問題。

不論公母結紮也很重要。
在結紮之後，有9成的噴尿狀況都會有所改善。
可是我們家的馬洛結紮了啊……。
那馬洛牠就是屬於剩下的那1成呢。
以下雖然是我個人的推測，但十之八九是，
這裡是我的天堂
牠應該對於跑來院子裡的貓有警戒心。
要是牠們覺得自己的地盤被外來者占領了！
基於這個想法，貓咪就會以噴尿的方式來加以宣示自己的地盤。

飼主的清潔方式也有可能是造成貓噴尿的原因之一。
您是怎麼打掃的呢？
那些貓咪噴過尿的地方，先用清水擦過一遍，再噴除臭劑。
這樣的話，尿味非但無法根除，而且還會助長貓咪持續出現噴尿行為喔。
被蓋過去了!?
要再蓋回來!!
貓尿的正確清潔方法大概是以下這樣。
清潔貓噴尿的有效方式
❶ 使用酵素漂白劑去除氣味
❷ 用清水將漂白劑擦乾淨
❸ 噴灑酒精消毒
喔——……

除此之外，貓塔以及貓床的擺放位置，也要稍微想一下。
貓若會在意窗外動靜，那麼這些東西就要移到看不見外面的地方。
我想說讓貓看看外面心情會比較好……。
盯
這一點因貓而異喔～
如果貓會盯著外面看並且感到緊張，
神經緊繃警戒中
那麼飼主就要考慮幫貓咪更換位置比較好。
神經大條 睡死

不管是遮住貓視線的隔板，
還是依然可以保持室內明亮的卷簾等等，這些對策不妨都可以考慮看看喔。
可是貓咪那麼纖細敏感，
光只有遮擋住視線這樣就可以了嗎？
因為透過視覺能夠得到的資訊比較多呀！
雖然貓的嗅覺和聽覺也很靈敏呢。
半個月後——
醫師！
我家的貓咪幾乎沒有再出現噴尿行為了!!

後來我把貓塔改成放到別的地方，還加裝了一塊跟貓咪視線高度差不多高的隔板。
來這裡玩吧——
要是院子裡似乎有其他貓進來，我就會把牠帶到別的房間去或者跟牠玩，盡量分散牠的注意力！
這些點子真的很棒耶！讓貓咪專注在開心的事情上是不錯的方法喔。
拍手拍手
我家馬洛的壓力因此有所緩解，真的是太好了。
一切的努力都是值得的！

案例 1

想著要努力保護地盤，而導致出現噴尿行為

要判斷是不當排泄還是噴尿行為，首先觀察情況，再來思考對策

針對貓咪老是在牆面或窗簾上噴尿的行為，動物行為學提供了2個角度來分析這件事。一個是「不當排泄」，也就是在貓砂盆之外的地方排泄；另一個是如同漫畫中所描述的「噴尿行為」。

若要區別這兩者，可以從貓咪排尿的姿勢或是排尿量來觀察。如果是噴尿行為，貓通常會豎起尾巴垂直撒尿，而且排尿量相對較少，並垂直於噴尿處咻地噴射；如果是一般排泄，貓通常都會蹲下來，而且排尿量相當多。

貓咪如果是一般排泄尿在其他地方，而不是貓砂盆裡面的話，那就表示牠們「現在不想在這個貓砂盆尿尿」。此時要確認的，就是準備的貓砂盆是否適合貓咪使用。貓砂盆若無法讓牠滿意，貓的整體生活品質就會下降。但如果高齡貓持續出現「不當排泄」的話，就有可能是生病的徵兆。建議帶去動物醫院檢查。

如果是噴尿行為，主因通常是為了「宣示地盤」，這種情況在已

經性成熟但尚未結紮的公貓身上較為常見。野生的貓為了確保自己的地盤，通常會藉由噴尿的方式來宣示自己的存在，以避免不必要的衝突發生。即使是家貓，只要有新的動物成員來到家裡，原住貓也會忍不住想要噴尿來宣示地盤。有些母貓也會噴尿，但不常見。但是貓咪不論公母只要結紮後，這些困擾有9成都會有所緩解。

另外，貓咪在院子或陽台等勢力範圍外的地方，看到其他貓或是鳥的時候，有些貓也會出現噴尿行為。有的貓咪甚至會因為無法出去捕捉獵物而飽受壓力，導致噴尿行為越趨嚴重。家裡的貓如果是那種看著外面，神經反而會更緊繃的個性，最好的方法就是不要將貓塔擺在靠窗處，或者用隔板及窗簾擋住視線，盡量不要讓牠們看到外面或陽台等的物理性手段非常有效。

只要是曾經噴尿過，貓咪就會記住這個地方「已經沾上自己氣味，所以是可以盡情噴尿的地方」。因此飼主要用含氧漂白劑來清潔，這樣才能徹底去除尿味。尿味要是清不乾淨，反而會讓貓咪以為「自己的氣味被蓋住了！」而更頻繁地出現噴尿行為。

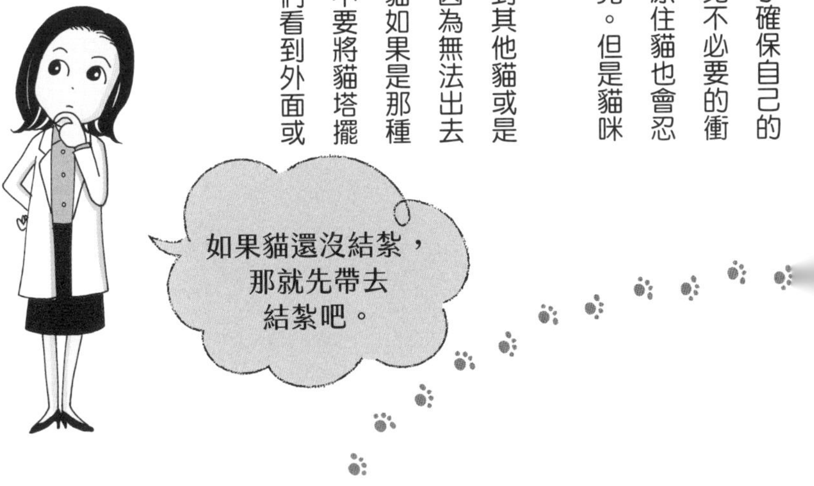

\困擾的行為/

行為

跑到沒放貓砂盆的房間排泄

發生時期

約從半年前開始

案例 2

排泄問題的困擾②

貓咪變得會在貓砂盆之外的地方排泄

我家的貓小春，
在小的時候明明還會用貓砂盆，
可是牠最近卻會常常跑到隔壁的和室尿在榻榻米上。
又尿在這裡……
嘩——
貓砂盆的形狀和擺放的位置明明都沒變的說～～。
榻榻米很難打掃耶……
咻
咻

DATA

米克斯
女生・1歲
（已結紮）

●同住家人　本人（30）、丈夫（30）、長女（10個月）
●同住動物　無
●原有疾病　無
●看家時間　無

這樣不算是一個可以讓貓滿意的廁所喔！
最近家中在貓砂盆周圍是不是有什麼變化呢？
咦～
啊，難不成是……因為我女兒的玩具變多的關係！
可是貓砂盆的位置是在那邊的正對面耶？
玩具變得越來越多
……

就算是對面，有些貓還是會在意的。
有没有敵人呀!?
對貓來說，排泄時也是一段會讓牠感到緊張的時刻。
呀—
呀—
人類也是啊，要是在廁所的周圍有奇怪的動靜，應該會讓人感到不安吧？
呀—
哇—
哇—
嚇
嚇
也是啦……。
會讓貓咪感到安心的貓砂盆應該是這個樣子的。
讓貓安心的如廁環境
☑ 貓砂盆要放在會感到安心的地方
☑ 貓砂盆要遠離吃飯及睡覺的地方
☑ 排泄空間要夠寬敞
☑ 要常保清潔乾淨
☑ 不用在意人類及其他動物的視線

而且說不定對貓來說，孩子的存在有可能是一種威脅。
什麼？可是貓咪跟小嬰兒感情好到可以一起躺在嬰兒床上睡覺耶！
妳看
珍藏在手機裡的照片
那是因為當時的小嬰兒躺在床上還不會這麼好動呀。
所以不太會影響到貓咪。
嗯～
盯
啊——
啊——
呀哈——
膽顫
心驚
可是小嬰兒要是動起來，或是開口說話，有些貓咪反而會被這些行為嚇到。
要是貓咪在受到驚嚇的時候，有個地方可以讓牠躲起來會更好。
呼
啊——

回到剛剛貓砂盆的事，小春跑到和室都會尿在同一個地方嗎？
嘩——……
呼……
對。大多都是會尿在同一個角落。
如果是這樣，那解決方法就好處理了！
這就代表，那裡是小春最近才終於找到，自己可以安心地上廁所的地方。
所以要麻煩飼主請把貓咪一直以來都在使用的貓砂盆移到那裡去。

呼～
還要常常幫貓咪再三仔細查看貓砂盆是否有維持乾淨。
上了上了♪
照顧家中的小孩子想必很辛苦吧，
喵～
但也不要忘記盡量撥出空閒的時間陪陪小春喔。
家人要是能一起幫忙照顧那就更好了。

案例 2

貓砂盆旁門庭若市，貓咪會沒辦法安心如廁！

貓砂盆的位置要是冬冷夏熱，貓咪也會沒辦法安心如廁！

貓喜歡在安安靜靜的環境之下上廁所。因為排泄時是牠們最沒有防備的瞬間，所以野生時代的貓在排泄時，都要一邊確認附近有沒有敵人、有沒有危險。既然家貓也依然保有這樣的習性，當然會不願在人來人往或過於吵雜的地方排泄。

如果是至今為止都一直在用的貓砂盆，有天突然被貓咪捨棄不用，就代表那附近出現了讓牠感到「不舒服」或是「受到威脅」的東西。飼主可以先檢查一下貓砂盆周圍的環境有何變化。例如，有些人會把貓砂盆放在後門附近，但是門外傳來的聲音在某些案例中，反而會影響貓咪上廁所。因此貓砂盆擺放地點的牆壁以及門的周圍，都要好好確認周遭環境。畢竟有些人類聽不到的微弱聲音或氛圍也會讓貓咪非常在意。

而另外一個重點，就是貓砂盆是否設置在牠想去就能暢行無阻的地方。通往貓砂盆的動線，沿途要是會經過許多擋路的家具或小東

西，這條宛如障礙賽的如廁之路就會打消貓咪上廁所的念頭。另外，貓砂盆擺放地點的氣溫若是過熱或過冷，同樣會讓貓咪裹足不前。許多飼主的一聽到貓咪喜歡安靜，於是就會把貓砂盆放在走廊。其實走廊的氣溫通常比較低，加上貓咪大多怕冷，所以牠們寧可隨便找個地方，也不願走到寒冷的貓砂盆去上廁所（也請參考p.41）。

如果是多貓飼養，有些貓會因為與同住貓的關係太差，而無法走過其他貓身旁去上廁所。飼主在這種情況之下，要是把貓砂盆放在走廊盡頭或是浴室深處，偏偏前往該處的路線又只有一條。要是有其他貓擋在路上，想上廁所的貓咪就會無法走到貓砂盆去。最理想的做法，就是盡量規劃2條以上通往貓砂盆的暢通路線。

將貓砂盆設置在安靜舒適的地方固然好，但是若是擺放的地點太過隱密，飼主反而會不容易察覺貓砂盆髒了。貓咪相當愛乾淨，貓砂盆要是太髒，反而會提高牠們在別處排泄的機率。所以飼主一定要勤奮一點，盡量讓貓砂盆常保乾淨。

＼困擾的行為／

行為
只要一罵貓，就會在棉被或座墊尿尿
發生時期
約從9歲開始

案例
3

排泄問題的困擾③

貓咪只要被罵，就會在棉被或座墊上尿尿

你在幹嘛，米可！不可以跳到桌子上！
跳
啊！
唉，要是這樣對牠大聲斥責……。

DATA

米克斯
女生・10歲
（已結紮）

●同住家人　本人（49）、丈夫（48）、長女（15）、次女（12）
●同住動物　貓（米克斯・男生・1歲・已結紮）
●原有疾病　換季時偶爾會拉肚子
●看家時間　每天約6小時

我就知道。貓咪又尿在座墊上了～～。
無言ー
這是這個月的第3次了……，是要報復我嗎？
未必喔～現在就做出這個結論還太早了。
高齡貓若是有亂尿尿的情形，就要先懷疑貓的身體是不是有哪裡不舒服。
長得這麼可愛但10歲！

有可能貓咪是因為在貓砂盆尿尿會痛，所以牠才會跑到其他的地方上廁所。
在這裡尿尿會痛~~
這裡比較安心
呼~
所以先帶去看醫生，如果貓咪的健康狀況良好，再來考慮是不是其他的原因。
健康！
亂尿尿的情形是何時開始出現的呢？
差不多是1年前吧……。
那個時候生活中有發生什麼變化嗎？
嗯……啊！幫牠找了一隻貓弟弟!!
……
小貓非常親人，而且還可愛的不得了~♡

那這有可能是導致亂尿尿的原因喔。
咦？可是牠們2隻貓不會打架啊？
就算牠們沒有打架，光是有貓弟弟，
就足以讓原本舒適的環境失衡，造成貓咪壓力。
看這看這~
咔喳 咔喳
好可愛~
吵死了喵
被貓弟弟用過的廁所，米可有可能會不想再去上喔。
被搶先了
真爽快~
原本家中設置的貓砂盆數量足夠嗎？
貓數量＋1個是最理想的。
2隻
3個

貓砂盆是最容易讓貓咪產生好惡的東西。
哇——
覺得如何呢~
所以我會建議飼主在初期階段弄個「貓砂盆咖啡廳」，讓貓咪試用各種的貓砂盆。
這樣貓應該就會慢慢知道，自己喜歡的是哪種貓砂盆了。
這個我很滿意♫
等貓咪自己挑好喜歡的廁所，就可以為牠們準備各自專屬的貓砂盆了。
米可我喜歡這個♪
還有……

請問飼主是否都一直只跟貓弟弟玩，結果與米可的互動是不是反而就變得敷衍了事了呢？
嚇到
溺愛
嬌寵
溺愛
嬌寵
我想米可應該有察覺到，現在全家人的目光都集中到貓弟弟的身上了。
……
也因此貓咪才會跳到桌上，
不在貓砂盆裡上廁所。
牠會有這些行為，說不定是為了要吸引大家注意。
很好

話雖如此，還是會希望貓咪不要跳到桌子上，是吧？
首先我們所要做的就是整理好桌面。
但女兒的東西很多……。
那就需要全家人同心協力一起做吧！
斬釘截鐵
桌面上要是沒有東西在上面，
好無聊喔
那貓咪也就沒有必要跳到桌子上去了。
還有這些可以防止貓咪跳上桌子的好方法。
防止貓跳上桌的方法
☑ 在貓好像會跳上去的地方黏膠帶
☑ 鋪層鋁箔紙
☑ 噴些貓不喜歡的柑橘類水果或薄荷的氣味
☑ 在貓準備跳起來的那一刻用扇子搧風
☑ 噴水
☑ 發出聲音
☑ 在桌子邊緣塗上忌避驅離劑
＊不管用哪個方法，都不能被發現是飼主做的！（參考p.43）

只要全家人努力，米可就不會再繼續無緣無故亂鬧脾氣喔。
除此之外，請飼主別忘了一定要好好地和米可互動溝通。
半年後
那件事情過後米可的情況怎麼樣呢？
最近貓咪亂尿尿的狀況已經沒了。
沒有在桌子上放置物品之後，跳上去的次數也減少很多了。
還有，我自己每天也一定會想辦法空出一些時間跟米可相處。
貓弟弟就讓女兒陪牠玩
看來事情有個完美的結局，太好了！

重新審視貓咪對貓砂盆有無怨言、有沒有壓力

案例3

就算作為排泄場所的貓砂盆無可挑剔，還是會在那之外的地方如廁

我們在前面（p. 22）已經告訴飼主，該如何判斷貓咪是噴尿行為還是不當排泄。然而「不當排泄」的情況若是失控，已經嚴重到在棉被、床墊或者是地毯上亂尿尿的話，恐怕會讓飼主欲哭無淚。

野生時代的貓上完廁所之後，習慣用沙子或是落葉來掩埋排泄物，這樣敵人就不會因為氣味而察覺到牠們的存在。就本能來說，現代家貓應該也會把家中適合埋藏排泄物的地方，當作廁所來如廁。

就動物行為學的立場來看，如果貓咪老是不在貓砂盆裡排泄，這當中必有其因。漫畫中所提到的情況，飼主多少曾經耳聞過，那就是「貓咪要是被罵，就會報復飼主亂尿尿」。其實貓並沒有「心情不爽就要讓飼主也不好過」這種想法。所以先不要擅自下定論，一口咬定牠們是故意的、是在報復，而是要找出亂尿尿的原因，這樣才能維護貓咪的生活品質。

不當排泄的主要原因

對貓砂盆有所不滿

☑ **不喜歡貓砂盆的形狀或是大小**

有些貓喜歡有屋頂的圓頂型，有些貓則喜歡可以觀望四周的開放型。另外，貓砂盆若是太擠會不好用，同樣會讓貓咪感到不滿。因此貓砂盆的大小最好以貓咪體長的1.5倍為佳。

☑ **不喜歡貓砂的材質以及顆粒大小**

礦砂顆粒小，觸感類似沙子，比較容易得到貓咪青睞。要是選擇材質較為天然的木屑砂，有的貓反而不喜歡那股獨特的氣味，最好還是用無味的貓砂。

☑ **貓砂盆髒了**

有些貓無法忍受貓砂盆有汙垢，就連有其他貓或動物的氣味都不行。

懷抱著不安或是壓力

☑ **與飼主的互動溝通不良**

壓力有時也會影響到排泄，所以飼主要重新審視，看看陪貓玩的時間夠不夠、讓貓孤單在家的時間會不會太長。

☑ **環境的變化**

不管是搬家、重新裝潢、養了新動物，還是家裡突然增加新成員，這些變化都會對貓咪造成壓力。

☑ **貓砂盆周圍的問題**

周圍太吵、有雜音或者是太冷等等的原因，都有可能造成貓不願走去貓砂盆上廁所。

生病

貓身體若是有哪裡不舒服，就有可能引起亂尿尿的行為。超過8歲的貓咪若是突然會亂尿，那就要懷疑是不是得了尿結石。萬一得了尿結石，排尿時就會疼痛不已，有些貓會誤以為「廁所＝會痛的地方」，反而會更不想去上廁所。這樣的話，最好先帶去動物醫院檢查。

＊也請參考p.30、67和75

Next

初期階段飼主要準備多種貓砂盆 讓貓咪能夠自由挑選

貓對貓砂盆通常各有偏好。以前的貓出於習性會在遼闊的野外排泄，因此有些貓喜歡一覽無遺的開放式貓砂盆；有些貓則喜歡圓頂型或者是最近越來越普遍的上開式貓砂盆。雖然都是精心挑選的貓砂盆，但要是貓咪若不肯上那就沒有意義了。

初期階段飼主不妨採用「貓砂盆咖啡廳」的方法，來解決這樣的煩惱。**也就是貓剛接回家的初期階段，先準備各式各樣的貓砂盆，看看貓咪會喜歡哪種廁所。**剛開始或許需要一筆投資買貓砂盆，但是這麼做反而可以摸清貓咪的喜好，這樣日後添購貓砂盆時就不會無所適從了。即使是多貓家庭，也能掌握每隻貓咪各自的喜好，對避免爭搶貓砂盆有所助益。

桌面保持清零不置物，全家一起嚴守規則！

姑且放下排泄的話題，先來談談漫畫中的飼主家庭所遇到的另一個問題，那就是貓會一直把桌上的東西掃到地上去。但其實不應該讓貓咪跳上桌去的吧。就算貓咪養在室內足不出戶，腳底還是會沾上各種汙垢。要是跳上桌把食物及餐具弄髒，有時候反而會導致家人感染到病菌。

這種事情通常有一就會有二，所以貓咪接回家之後絕對不可讓牠們跳上桌。一跳上去就要立刻讓貓下來，這點飼主全家一定要嚴守。

只要將鋁箔紙或膠帶貼在貓可能會跳上去的桌子上，沙沙作響的聲音還有黏腳的感覺就會讓牠們覺得不舒服到想趕快逃走。跳上桌的那一刻馬上用扇子搧風或者是刻意發出聲音，讓牠們意識到「跳上桌會有討厭的事情發生」等方法也很有效。但要是讓牠們發現這些討厭的事，都是飼主做的反而會開始討厭飼主，所以一定要躲在死角偷偷進行喔。

貓咪專欄 1

要每日確認貓咪的健康指標：尿液和糞便

了解貓咪的「習慣」，就能及早發現異常

想要管理貓咪的健康，勢必要好好確認排泄情況。不管是排尿量、糞便量、次數還是氣味，只要「異於平常」，就代表貓咪身心可能出現了變化。本書雖然提供一些參考數值，但是每隻貓的排泄量以及次數都各有差異，因此了解愛貓的「平時情況」及「習慣」是很重要的。

●尿尿

☑次數：貓一天的小便次數通常是2到3次（不包括公貓的噴尿行為）。超過5次算頻尿，那就有可能是生了病。

☑排尿量：每天上限為每公斤體重的50毫升。超過這個數字就算多尿。

☑顏色：基本上是淡黃色。貓咪身體若是不適，尿色就會混濁，有時甚至會因為混入血液而呈粉紅色。

☑尿味：因貓而異，但異常的氣味會比平時更刺鼻。

☑其他：常去廁所卻尿不出來，或者排泄時姿勢反常，這些都要多加留意需要再觀察。

●大便

☑次數：基本上每天1到2次。

☑糞便量：單次長度和人類的食指一樣長，每次1到2條。不過貓飼料的分量以及種類也會有所影響，如果是富含纖維的飼料，糞便量就會較多。

☑顏色和硬度：健康的糞便含有適量水分，表面帶有光澤。基本上夾起來不會變形，而且顏色通常會與吃下的貓飼料相近。

☑其他：要確認每次排泄的時間會不會太久（通常30秒左右就會結束）。另外，糞便裡有沒有摻雜異物。

第2章

進食問題的困擾

無論是不吃還是吃太多，進食問題都讓人擔心。
大多數貓咪都有一定的進食偏好，
往往讓飼主欲哭無淚。

困擾的行為

行為
進食全看當天的心情，但常常不吃
發生時期
從小貓就一直如此

案例 4

貓飼料愛吃不吃的，貓咪進食全看心情

聞
聞
聞
吃飯了喔～。
咦!? 布丁，你昨天不是還願意吃嗎？
轉頭
統統都不想吃！
不屑
這個？
那個呢!?
這呢？

DATA

蘇格蘭摺耳貓
女生・6歲
（已結紮）

- ●同住家人　本人（36）、長女（12）
- ●同住動物　無
- ●原有疾病　約2歲曾得過外耳炎。點耳藥及回診後已康復
- ●看家時間　平日約8小時，假日不一定

這位飼主請冷靜。
貓要是連續24小時都沒有進食的話，會對身體出現不好的影響喔！
妳看
超過一天不進食的風險
・沒有補充熱量，動作會變得遲鈍
・過胖的貓若是持續絕食36小時，得到脂肪肝的風險就會增加
咦，真的嗎!?
而且飼料要是放越久，貓咪就更不會去吃。
這是為什麼？
單純是因為擺放太久的貓飼料不好吃！
貓飼料放置的時間如果過得越久，就會因為氧化，
而變得越來越難吃。
所以要密封保存

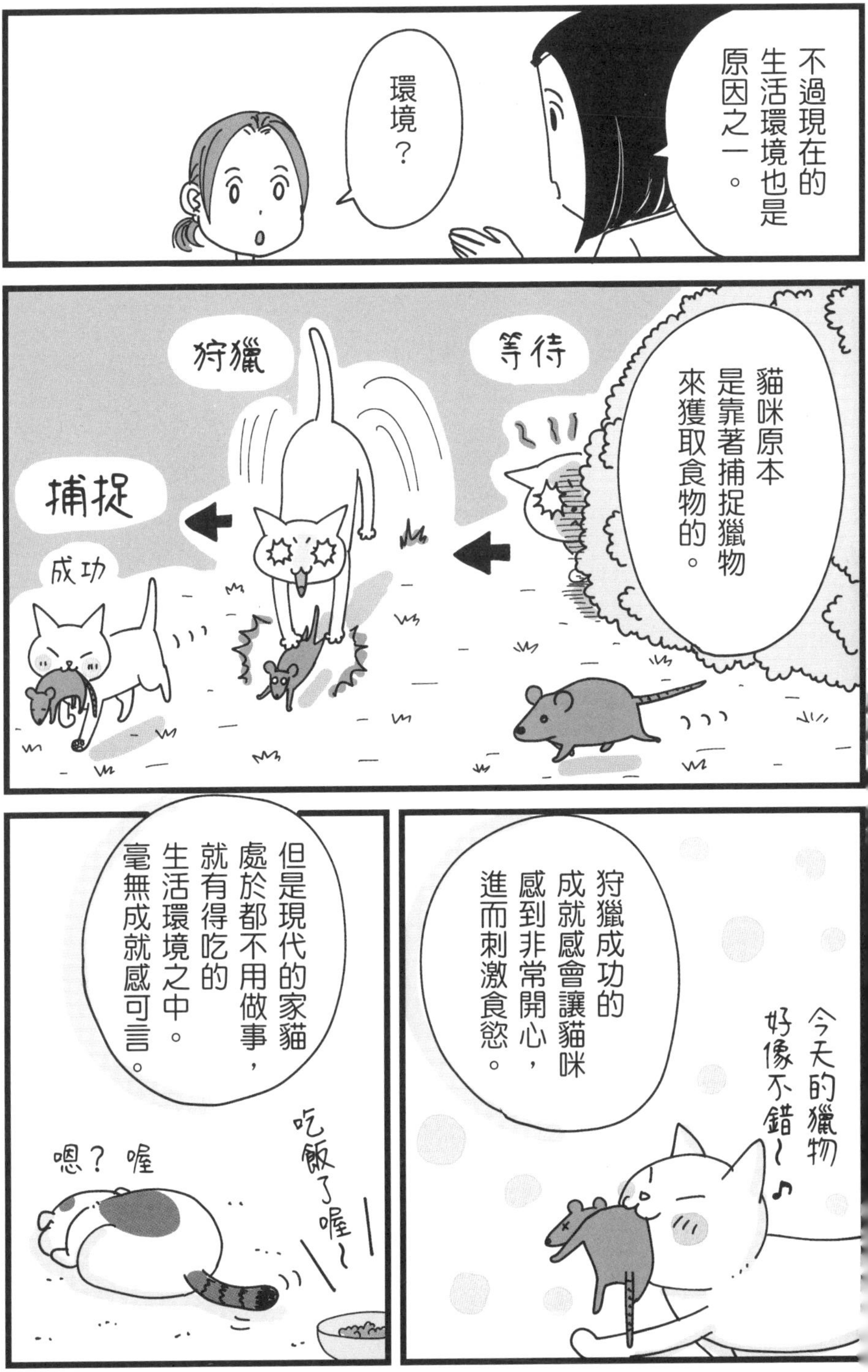

不過現在的生活環境也是原因之一。
環境？
貓咪原本是靠著捕捉獵物來獲取食物的。
等待
狩獵
捕捉
成功
狩獵成功的成就感會讓貓咪感到非常開心，進而刺激食慾。
今天的獵物好像不錯～♪
但是現代的家貓處於都不用做事，就有得吃的生活環境之中。毫無成就感可言。
吃飯了喔～
嗯？喔

正因為如此，所以會推薦飼主用貓益智玩具。
「貓益智玩具」？
就是將貓飼料或是貓零食放在裡面的玩具。
貓咪要是想吃，就要自己設法把它挖出來，
這樣才吃得到。
滾動
滾動
掉出來
這樣不僅可以得到成就感，貓咪也會吃得更開心。
好好玩喔—♫
好好吃喔—♥
不過重點是，飼主一開始要先教貓咪怎麼玩，才吃得到！

要是就這樣把玩具直接放在貓咪面前，牠們是不會知道要怎麼玩的。
嗯？
給你
所以一開始要在貓咪面前把貓飼料放進玩具裡面。
喔喔
盯
用貓益智玩具時，難度的設定可以稍微寬鬆一些，讓裡頭的貓飼料容易掉出來。
喔—
有了 有了
讓貓咪從中體驗到成功的滋味非常重要。
這樣一來，貓咪就會變得越來越喜歡玩益智玩具了。
喜歡這個

剛開始飼主可以放貓咪愛吃的零食，就好了。
這些益智玩具的形狀以及材質五花八門，
就讓我們為貓咪找出牠喜歡的那一款吧。
布
貓零食
乳膠
塑膠
每天的吃飯時間只要用貓益智玩具餵食飼料，就能讓貓咪得到成就感，
而且食慾也會因此大開喔！
靠自己的飯飯最好吃了
貓益智玩具中混合放入各種口味的貓飼料也很不錯。
鮮魚口味
雞肉口味
貓咪會非常期待，因為不知道出來的口味是什麼。
這樣簡直跟扭蛋一樣，很有趣耶！
會是什麼口味呢～♪

＊剛開始使用時要在旁邊看，免得貓咪啃玩具。

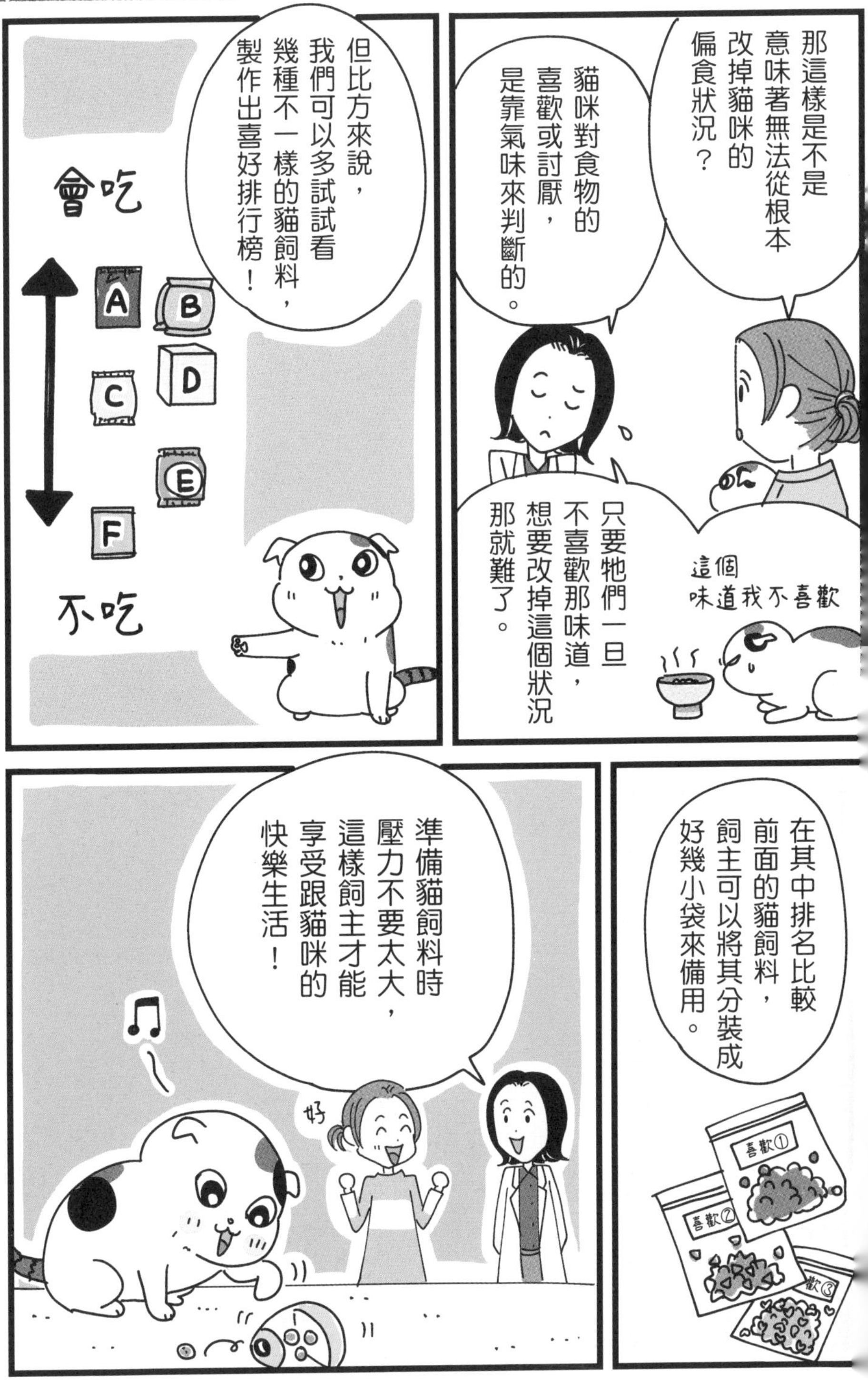
那這樣是不是意味著無法從根本改掉貓咪的偏食狀況？
貓咪對食物的喜歡或討厭，是靠氣味來判斷的。
只要牠們一旦不喜歡那味道，想要改掉這個狀況那就難了。
這個味道我不喜歡
但比方來說，我們可以多試試看幾種不一樣的貓飼料，製作出喜好排行榜！
會吃
A
B
C
D
E
F
不吃
在其中排名比較前面的貓飼料，飼主可以將其分裝成好幾小袋來備用。
喜歡①
喜歡②
喜歡③
準備貓飼料時壓力不要太大，這樣飼主才能享受跟貓咪的快樂生活！
好

沒有成就感的進食是，無法激起食慾的

案例 4

善用貓益智玩具等提供模擬狩獵的情境

貓是靠氣味來判斷喜好。當牠們覺得這個氣味很危險、不會很好吃的話，不管我們再怎麼誘惑貓咪就是不會吃。所以要讓貓咪吃下曾經讓牠厭惡的貓飼料，簡直比登天還難。在這種情況之下，飼主可以先從找出幾種貓咪喜愛的貓飼料開始著手。

另外，就算不吃，也不要把貓飼料就這樣留在碗裡。這麼做不僅衛生方面堪憂，就連貓飼料的風味也會因為氧化而變差，到頭來貓咪反而會更討厭該種貓飼料。

就動物行為學的角度來看，貓不吃飯的其中一個原因，就是吃飯的時間太無聊了。野生時代的貓都是靠狩獵來獲取食物的。而捕獵成功的成就感通常會給貓一種「愉悅感」（也請參照p. 210），進而帶來享受進食的樂趣。現代的家貓幾乎是飯來張口茶來伸手，根本就得不到狩獵帶來的成就感。既然對於進食沒有愉悅感，當然就不會有想要大快朵頤一番的念頭了。

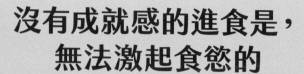

在這種情況下要推薦給飼主的，就是貓益智玩具。這類玩具的構造，就是要將貓飼料或貓零食放在裡面，這樣貓咪在滾動或咬住玩具時，裡頭的東西若是掉出來，就可以吃到食物了。

只要自己滾動玩具，就可以得到食物。這一連串的行為就像是在提供模擬狩獵的情境，也就是「捕捉獵物，吞下肚去」。這樣吃到東西時，貓會相當有成就感。不僅如此，牠們也要動腦想想「要怎麼做，才能得到裡面的獵物」。如此的做法不僅可以讓貓咪有適度的疲勞感，還可以滿足想要運動的慾望。

讓貓愛上貓益智玩具，關鍵在於成功的體驗。剛開始飼主可以在貓咪面前把貓飼料放進玩具裡，但要降低難度，蓋子不要蓋太緊，先讓貓咪體驗「吃到食物」的樂趣。成功的經驗只要多累積幾次，就能燃起貓咪的動力，慢慢體會到貓益智玩具的樂趣。這類玩具的形狀、大小及材質五花八門，飼主不妨善加選擇，挑選幾種可以贏得貓咪青睞的款式。

貓益智玩具的選擇重點

- ☑ 不易咬壞
- ☑ 可以安全舔舐的材質
- ☑ 不會吞下去的大小
- ☑ 好清洗，容易保持乾淨

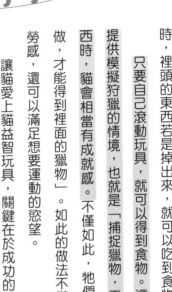

\困擾的行為/

行為
只要吃飯的時間一到，就會大聲嗚叫催促
發生時期
從小貓就一直如此

案例
5

催促放飯時，貓咪纏人又激動

凹嗚~
凹嗚~
啊，已經5點了啊？
凹嗚ー
好啦，好了啦。
凹嗚ー
你也冷靜一點~
凹嗚~
磨蹭~
磨蹭~
凹嗚~

DATA

米克斯
男生 ・3歲
（已結紮）

●同住家人　本人（47）、妻子（38）
●同住動物　無
●原有疾病　撿到時有寄生蟲
●看家時間　基本上沒有（在家工作）

讓您久等了。
狼吞虎嚥
吃飽了
幾秒就吃完了！
一般貓的胃口有這麼食慾旺盛嗎？
有漏網之食喵
這陣子忙著開會，耽誤到貓咪的吃飯時間，結果牠一直在旁邊叫個不停。
放飯—
帶回家之後，如果貓咪食慾一直都這麼旺盛的話，那麼說不定會與幼貓期有關喔。
嚇我一跳！
什麼？

太郎小時候是怎樣的呢？
喵——
喵——
是在停車場撿到牠的。
當時牠整個身體瘦巴巴的。
果然。
生活中若是缺乏有趣的刺激，或者事事都在忍耐的話，貓咪就更有可能會暴飲暴食。
怎麼吃也 吃不飽
NOT飽足
我要飯飯
因為牠們會想要靠著吃，來填補那份無法被滿足的心情。
怎麼會⋯⋯
盡量多吃一點
好耶♥
不過，這樣飼主會很辛苦。

我會建議的解決方法是自動餵食器。
只要一到飼主設定的時間就會自動跑出貓飼料。
不一定要堅持一天只餵2餐。
可以少量多餐，約將餵食器設定成一天餵食5次，效果會更好喔。
又要吃飯了!?
次數只要變多的話，貓也會越開心。
又有飯了♫
嘩啦啦啦
餵的次數到這麼多次，真的沒問題嗎？

貓原本就是要等到肚子餓了，才會去狩獵小動物來吃的生物，
肚子餓了……
咕～
好，
我要來狩獵了！
所以「少量多餐」反而比較符合牠們的習性喔。
原來如此
為了要拉長貓咪的進食時間長度，
使用貓益智玩具也不失為一個好方法。
＊也請閱讀p.50～54喔！
因為可以讓貓感受到模擬狩獵的其中樂趣。
耶

不過，
餵食飼料的行為
可是飼主和貓咪間，
非常重要的
互動溝通方式喔。
給我飯飯的人＝最喜歡了
時間若是允許，
飼主最好還是
自己餵食貓飼料。
吃飯囉—
除了餵食，
飼主也要與貓咪多多
交流其他的
互動溝通方式喔。
喵—
之後
盯—
太郎現在已經
不會再拚命催飯，
現在的熱中目標改為
自動餵食器了……。
要是能滿足
太郎的話，
那就太好了。

要是困擾於貓咪的催促，那就改用自動餵食器吧

案例 5

不須堅持一天2餐！少量多餐貓咪反而開心

貓喜歡有規律的日常生活，所以大多數養貓家庭的餵食時間都會非常固定。但聽說貪吃的貓若是快到吃飯時間，就會坐在貓碗前準備要大吃一番。

這樣的行為或許會讓人看了之後嘴角上揚，但要是貓咪催飯催得太過激動，反而會讓飼主飽受壓力。更何況我們有時會因為工作或家庭，而無法準時放飯呢。

家人若能幫忙餵貓當然是再好不過了，但如果有困難，試著改用自動餵食器也是一個選項。自動餵食器是一個相當方便的工具，可以設定時間，自動跑出貓飼料。

設定的時候每餐的分量可以少一點、餵食的次數可以多一點。肚子餓了才會捕捉小動物來吃的貓咪，基本上習慣少量多餐。就算是貪吃的貓也是一樣，與其一次狂吃到飽不如少量多餐，這樣貓反而會更開心。

想要穩定貓咪情緒，就要營造舒適環境

這種情況通常會出現在棄貓或浪貓身上，因為牠們長久以來一直忍受飢餓，快樂的記憶過少，所以才會出現過食傾向。而進食這件事可以讓牠們填補過去那段空虛的回憶。這樣的貓光是為了活下去就已經耗盡精力了，怎麼會有開心的體驗呢？

家裡的寶貝貓咪要是有這樣的過去，而且還有過食傾向的話，飼主第一個要做的，就是好好為貓咪整理一個可以安心生活的環境。不管是「可以放心睡覺的地方（貓床）」、「乾淨的貓砂盆」，或者是「感到危險或恐懼時可以藏身的地方」，統統都非常重要。只要環境整頓好，貓咪的心情應該就會穩定下來。同時，保持適當距離與貓咪互動溝通也很重要。

邁入高齡的貓咪如果出現暴飲暴食的傾向，那就要懷疑是否生病了。糖尿病和甲狀腺功能亢進的其中一個症狀就是食慾變大。飼主若有疑慮，那就立即帶貓去看醫生。

困擾的行為

行為
變得不太愛吃飯，還會一直吐

發生時期
去年，約3個月

案例 6

食慾突然變差，都會剩下不少的貓飼料

小花的食量原本就忽高忽低了。
……
去年還曾經有段時期，牠的食慾突然變得很差。
又沒吃完了……
就算吃下去了，有時也會吐出來……。
嘔
雖然有跟常去的動物醫院詢問過，
動物醫院
檢查後，並沒有發現貓咪的身體數值有何異常呢。

DATA

米克斯
女生・12歲
（已結紮）

- 同住家人　本人（43）、丈夫（45）、長男（12）、次男（9）
- 同住動物　無
- 原有疾病　不算生病，但食慾時好時壞
- 看家時間　每天大約4小時

但是食慾還是一樣差……。
已經去動物醫院看過很多次了。
喵—
這個狀況有可能是心因性所造成的喔。
家裡環境有發生什麼變化嗎？
就算醫師這麼問我，還是沒有頭緒，真的束手無策。
但過了3個月之後，食慾不振跟嘔吐，就統統都好了。
吃完了！對了，也沒吐了！
但我到現在還是非常在意原因到底是什麼導致的。

嗯……
貓咪的壓力問題真的很難處理。
是什麼樣的事情會引起壓力，每隻貓的情況都不一樣。
貓咪有壓力的主要跡象
＊也請參考p.75
一直舔身體
一直大聲喵喵叫
喵—喵—
不吃飯
上廁所的次數出現變化
吸吮毛織品
不尿尿在貓砂盆裡
窩著不動
躲著不出來
攻擊行為
話雖如此，不過事先知道壓力跡象也很重要。

看到這些情況，就要先懷疑貓咪是不是身體哪裡不舒服。
嘔吐要是一天超過2次，就要立刻帶貓去給醫生看！
因為這有可能是潛藏的病徵。
所以帶去給熟識的獸醫看診是正確的判斷喔。
那就好—
若沒有發現疾病或是異常情況，就有可能是心因性或壓力所致。
主要的壓力來源
・與飼主缺乏交流
・搬家、裝修
・家人增減
・同住動物的存在
・生活不規律
貓咪的吃飯時間有變動也不行嗎？
因貓咪天性喜歡規律的生活，所以保持固定會比較好。
比方像這樣
貓咪一天的日常生活
同一個時間起床
同一個時間吃飯
同一個時間巡邏
午睡
同一個時間玩耍

有些貓咪會因為家庭成員在家工作而倍感壓力。
什麼？在家工作!?
這時間怎麼會有人……
經常不在家的人要是突然出現，日常生活就會被打亂，這樣反而會造成壓力。
話說回來，明明就是待在一起，要是對牠不理不睬，照樣會對貓咪造成壓力喔。
說的也是……
等等再陪你玩喔—
陌生的聲音或是氛圍也非常容易造成貓咪的壓力來源。
有想起來，去年的時候發生什麼事嗎？
妳這麼一說，

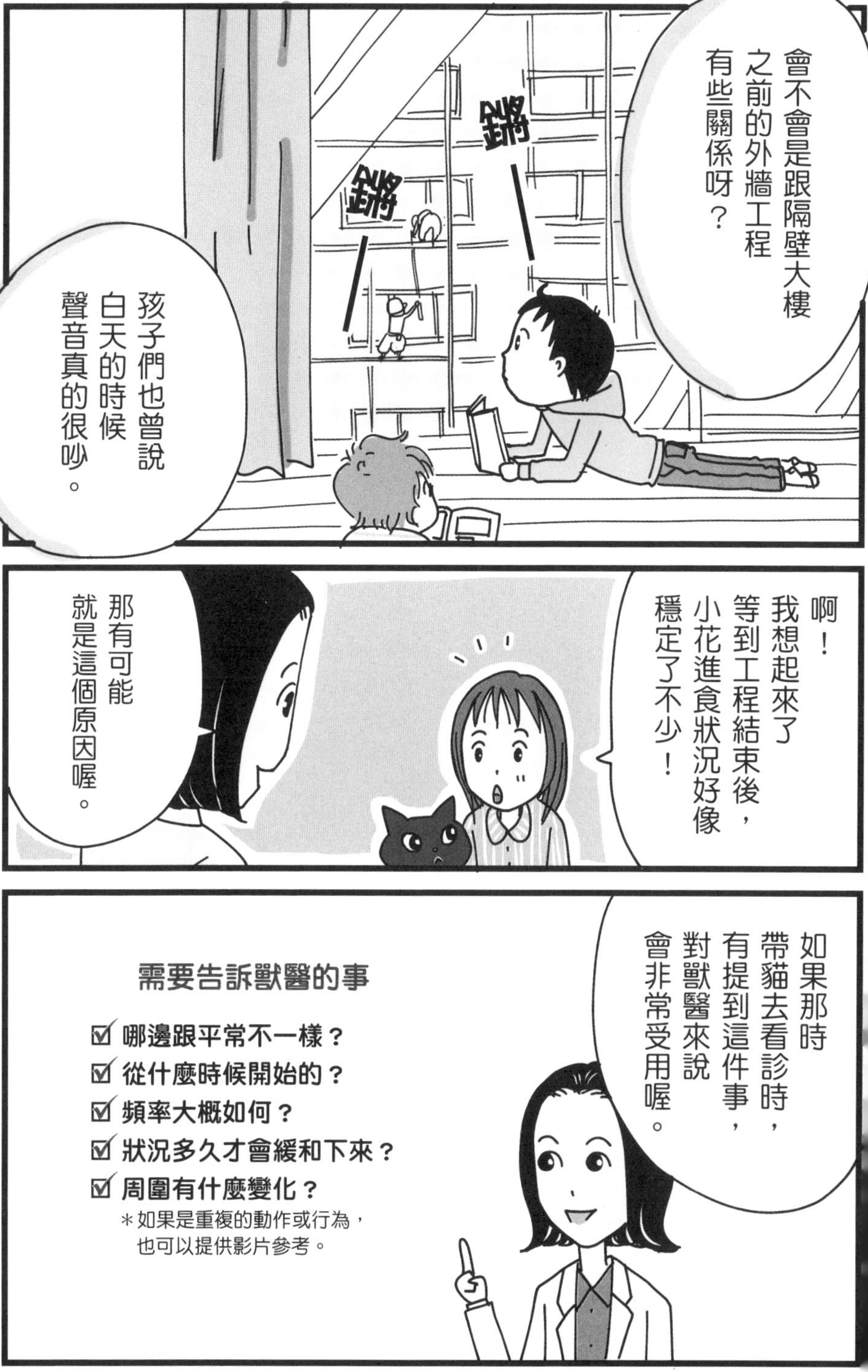
會不會是跟隔壁大樓之前的外牆工程有些關係呀？
鏘—
鏘—
孩子們也曾說白天的時候聲音真的很吵。
啊！我想起來了等到工程結束後，小花進食狀況好像穩定了不少！
那有可能就是這個原因喔。
如果那時帶貓去看診時，有提到這件事，對獸醫來說會非常受用喔。
需要告訴獸醫的事
☑ 哪邊跟平常不一樣？
☑ 從什麼時候開始的？
☑ 頻率大概如何？
☑ 狀況多久才會緩和下來？
☑ 周圍有什麼變化？
＊如果是重複的動作或行為，也可以提供影片參考。

為此，飼主可以考慮寫個「貓咪日記」喔。
2/6的小花
晴 10°C
飯 ○○g
吃飯 很快
尿尿 4次
顏色和量
大便 1次
顏色、形狀和量
活動的樣子
周圍的變化
・隔壁鄰居在搬家
＊也請參考p.74
咳 咳
話下的拍心可擔也影片
如果是對環境變化比較敏感的貓咪，記錄一些像是「換了貓咪的床」之類的小事也不錯喔。
原來如此……。

只要能夠推測出導致壓力的原因，獸醫就會陪我們一起思考減輕壓力的方法。
發生了這種事……
大概是因此感到不安。
那就……
視情況可以請獸醫開立舒緩不安的藥物。
適當使用藥物會更有效！
呼……
冷靜了喵—
畢竟我們都希望，貓咪的生活壓力可以盡量少一點吧！
好！

案例 6

若要找出食慾不振的原因，首先考慮身體不舒服，其次是壓力

突然胃口變差，持續一天以上，就不要懷疑，趕快去看醫生

有些貓咪平常就是食慾好得不得了，有些貓則是原本就愛吃不吃的。原本飲食都很正常，但要是突然把食物剩下來，那麼飼主就要先懷疑貓咪是不是生病了。只是1餐沒吃的話那就可以再觀察看看，但要是食慾不振的情況超過一天以上，那就要帶去給獸醫看。

除了內臟及消化器官的異常，貓口炎或牙齦炎所引起的口腔不適，以及因為受傷或骨折而導致的身體疼痛也會讓貓吃不下飯。除了食慾不振，還要留意貓咪是否有窩著不動、嘔吐、腹瀉、尿液糞便異常等症狀。嘔吐若是一天超過2次，就要盡快就醫了。

檢查過後身體若是沒有異常，那麼食慾不振就有可能是心因性壓力造成的。

貓咪若是食慾不振……

是不是只有1餐才這樣，繼續觀察看看

除了食慾不振，如果還出現：

- **嘔吐一天超過2次**
- **慵懶無力、發燒、呼吸比平常還要急促等緊急症狀時**

就要立刻帶去動物醫院就診

↓

如果只有 1 餐食慾不振，那就再觀察

食慾不振若是超過 1 天，就帶去看獸醫

↓

沒有發現身體上的異常

要是發現身體上的異常，就開始接受治療

↓

考慮是不是心因性壓力造成

↓

找到導致壓力的原因，加以改善

若有不明之處，就向獸醫請教

Next

只要寫下貓咪日記，之後檢視就能夠了解壓力的原因

貓咪食慾不振若是心因性壓力造成的，在有些案例中，可能需要一段時間才能找出原因，畢竟每隻貓感到壓力的理由都各有不同。即使生活在同一個屋簷下，雖然有抗壓性高的貓，也還是會有抗壓性低的貓。

我們首先要知道貓咪常見的壓力訊號。如果貓咪有出現類似次頁一般的行為，那就先試著確認一下牠的生活環境是不是有所變化。只要寫下貓咪日記，就算經過一段時間，照樣可以推測出「這說不定就是壓力的原因」。

要是能知道造成貓咪壓力的原因，

貓咪日記的記錄項目範例

- ☑ 食物的分量和次數
- ☑ 吃飯的樣子
  （胃口是否有變差，吃飯速度是否正常）
- ☑ 小便的次數與量、顏色和氣味
- ☑ 大便的次數與量、顏色和氣味
- ☑ 走路及跑步的樣子有異常嗎？
- ☑ 玩耍的時候有沒有異常？
- ☑ 環境有沒有變化？
  （例如貓食換了、貓床變了、常常盯著飛來院子裡的鳥一直看等等）

最好的解決方法就是排除該原因。但是有時候情況就和漫畫中的案例一樣，無法單靠著飼主一家人的力量來解決，例如附近的道路在施工等等。要是貓咪的樣子，看起來還是承受太過沉重的心理負擔，也可以向熟識的獸醫商量討論，請對方開立可以安撫情緒的藥物也是一個方法。

貓咪主要的壓力訊號

- ☑ 食慾不振
- ☑ 嘔吐・腹瀉等
- ☑ 舔舐身體（參考p.137）
  - ・不同於理毛，過度舔舐同一個地方
  - ・追咬自己尾巴之類的自殘行為
- ☑ 掉毛
- ☑ 毛髮凌亂，耳朵有異味
  - ・無力梳理毛髮的證據
- ☑ 噴尿・不當排泄（參考p.41）
- ☑ 排泄次數有變
- ☑ 吸吮毛織品
  （Wool sucking，吸吮或叼著布製品的行為）
- ☑ 叫個不停（參考p.135）
- ☑ 無故暴衝狂奔
- ☑ 攻擊性變強
- ☑ 活動力下降
  - ・窩著不動或者一直睡
- ☑ 躲著不出來

貓咪專欄 2

有必要費心思考讓貓咪多喝水的巧思！

喝水的地方要遠離吃飯的地方以及廁所

貓咪喝水這件事和吃飯一樣，都需要飼主多加留意。攝取足夠的水分對貓來說非常重要，因為水分若是不夠，就會讓貓咪得到慢性腎臟病、結石以及膀胱炎等疾病。而且每日攝取水量（ml）還不可以和每日必需熱量（kcal）相差太多。

但是原本生活在沙漠之中的貓類其實不太喜歡喝水。有些貓甚至對喝水這件事會非常挑剔，加上個體也有差異，因此飼主需要多加用心，看要怎麼做才能讓貓咪喝水。

貓咪若是不肯多喝水，那就先檢查一下水碗的擺放位置吧。以動物行為學的角度來思考，水碗和飯碗離得遠一點會比較符合貓的生活習性。因為野生時代的貓習慣在森林中進食、到河邊喝水。此外，每隻貓在睡醒及上廁所等時機順便喝水的習慣都各有不同，因此要根據牠們的活動路線，多設幾個飲水點。

至於飲用的水，使用自來水也沒有問題。不過有些貓喜歡新鮮一點的水，有些貓則喜歡放置一段時間、去除掉氯味的水，所以要盡量配合貓咪的喜好來準備飲用水。

若是發現貓咪出現「不同以往」的模樣，例如越來越不愛喝水，或者水喝得越來越多，那就要懷疑牠們的身心狀況是否異常。

第3章

攻擊行為的困擾

追趕、啃咬、威嚇……，
有許多飼主因為貓咪的這類行為而苦惱不已。
要怎麼做才能制止牠們呢？

案例
7

\困擾的行為/

行為
對已經同居的配偶總是充滿攻擊性
發生時期
從1年前（結婚後）

家中貓咪一直威嚇我的配偶

1年前我們結婚了。
丈夫在那之後，搬到我住的公寓一起展開新生活。
請多指教—
搬厝雞
但卻有意料之外的問題……
氣氣氣氣氣
哈—
結婚前我就有養了一隻貓，叫米莫薩。可是牠居然完全不肯親近我的丈夫！
呀—

DATA

米克斯
女生・3歲
（已結紮）

- 同住家人　本人（40）、丈夫（38）
- 同住動物　無
- 原有疾病　無（沒有做過健康檢查）
- 看家時間　平日約10小時。假日全家都在，所以沒有

在貓咪自己的勢力範圍內，突然有一個巨人就這麼出現了。牠會如臨大敵，也是當然的。
咚
小米
莫薩
聲音低沉
面對貓咪的方法
STEP 1 才剛踏進玄關，就立刻回去
STEP 2 待1個小時後就走
STEP 3 停留半天再回家
STEP 4 試著過1晚
＊詳情也請參考p.116、120
原本在初次見面的時候，就是應該要這麼慎重應對。
咦！那現在還來得及挽回嗎？
首先呢 你們在餵貓咪吃飯的時候要多費功夫。
先讓您丈夫把飼料緊握在手中，沾些氣味上去。
將這些飼料放進原本就裝有飼料的貓碗裡之後，人就要離開！
而且不可以躲在旁邊偷看喔。

等貓咪熟悉以上的餵食方式後，就可以在牠進食時悄悄移到視線範圍內。
貓不會想逃走的距離
請千萬不要靠近牠們或叫牠們喔！
總之直到貓主動靠近為止，都要請您丈夫耐心等待。
忍耐
忍耐
等待
為了讓貓咪在受到驚嚇時可以趕快逃跑，
我們可以把地點選在有貓走道的地方。

當然飼主也要好好重視與貓咪之間的互動溝通
當貓咪靠近時，就要好好地陪牠們玩耍，或者是摸摸牠們的頭。
喵～
在貓咪開心的時候，您的丈夫再偷偷進入貓咪的視線範圍內，這樣就好了。
就算那傢伙在，也會開心喵～。
這樣子貓咪就會覺得就算牠的附近有您丈夫待在一旁，照樣會感到開心。

只要貓咪卸下心防，到時候牠應該就會主動靠近。
這個時候請您丈夫不要自己伸手出去，而是讓貓咪依自己的喜好自由行動。
盯
此後丈夫就非常有耐心地過著，與貓保持距離的生活。
不靠近
保持貓咪不會逃走的距離
不主動搭話
……
解決動物的問題行為時，通常需要花費一段時間，時間的長度與發生問題行為的期間大約相同。
不要急，就按貓的步調來進行！

6個月後
聞
聞
聞
！！！
痛哭
第一關通過了喔。
接下來也要等貓咪自己主動靠近喔。
※盯
又過了1個月後
Z Z Z...

喵～
只要貓咪願意主動靠近，就代表著主動的時機到了！
這個時候可以使用貓咪喜歡的玩具陪牠們玩，或者餵貓吃零食，來增加好感度!!
磨蹭～
只要看到牠們顯露出撒嬌的姿態，就輕輕地摸一摸牠們的頭。
沒想到竟然會有這一天……！
呼嚕呼嚕呼嚕
但是要注意，可別一直纏著牠，不然貓咪會反感喔！

案例7

初次見面的印象很重要！若是失敗也要盡力修復關係

要是有不認識的人待在地盤內，會讓貓咪如臨大敵

貓是一種重視地盤（勢力範圍）的生物。對牠們來說，只要視線範圍內的地盤環境不變、日常生活規律，這樣的日子就算是安全安心的生活。所以有些貓咪不喜歡飼主改動家具配置，更討厭熟悉的環境發生劇變，例如搬家或室內裝修。

不過貓咪生活的「環境」，還包括了同住的人類。明明已經習慣與熟識的飼主生活在一起，要是突然多了一個人，而且這個人還一直賴在家裡不走，貓咪的心靈恐會倍感壓力。有的貓還會因為看到飼主和陌生人相處融洽，而覺得自己的主人好像被別人搶走了。

不管家裡的貓咪有多親人，都不能疏忽大意、掉以輕心。就算可以和家裡的客人開心共處好幾個小時，但是這個陌生人要是每天都出現在自己的地盤上，久而久之就會對部分的貓咪造成壓力。所以飼主可別擅自做出結論，心想「我們家的貓咪就算家裡多了一個人，也不會在意的」，一定要好好觀察才行。

想要和貓咪好好相處的人經常會犯下的錯誤，不是突然靠近貓咪，就是想要伸手摸牠。大家不妨將心比心，要是有一個身體大好幾倍的人突然逼近我們，心中會作何感受？同理，貓咪的心情也是一樣。威嚇行為並不是「你幹了什麼好事！」的攻擊心態，而是出自「我警告你！不要過來！」的恐懼。這種事只要發生過一次，之後貓要是看到對方，警戒心就會提升到最高等級，如此一來勢必要花上一段漫長的時間才能修復關係。所以第一次與貓見面時舉動一定要謹慎。只要第一印象好，之後進展就會順利。

首先要做的，就是不要隨便靠近貓，重點就是要把自己的存在當成空氣，不經意地融入貓的生活空間裡。只要讓貓知道「就算這個人在，也不會發生可怕的事」，就能讓牠們慢慢卸下心防。如此一來應該就會看到貓咪主動靠近，並且聞聞手的味道。這個時候不要突然伸手摸牠，要按照貓咪的步調。先按捺住想摸或想跟牠們玩的衝動，等貓咪主動過來磨蹭撒嬌，再好好與牠們培養感情。

Next

初次見面時需要注意的地方

☑ 注意動作及聲音

特別是體型較大的男性，看在貓咪眼裡簡直和捕食者沒有兩樣。所以我們身體要縮小一點，音量也要稍微控制一下。

☑ 保持手握拳的狀態讓貓咪嗅聞

伸手時手掌若是張開，修長的手指看在貓咪眼裡，有可能會變成令人畏懼的龐然大物，所以要手握拳頭再伸出手。另外，握著的拳頭要是突然張開，有時也會嚇到貓，所以要一邊觀察牠們的反應，一邊慢慢把手打開。

☑ 不要一直盯著貓看

盯著對方看這件事在貓的世界裡，是一種威嚇或攻擊的信號。所以與貓目光交會時，一定要移開視線或慢慢眨眼，讓貓知道你沒有敵意。

☑ 觀察貓的肢體語言

如果是初次見面的貓，觸摸的範圍最好是在頭部以上。而且摸的時候，還要觀察貓咪尾巴的動作以及全身的肢體語言。若是貓咪開始不悅，就要立刻停手。

☑ 貓想離開時不要窮追不捨

貓離開代表牠想要保持距離，所以不要在後追趕。如果牠們是想找人玩，離開後還會回眸向人喵喵叫。這時人類既然收到暗示，那就要好好陪牠們玩喔。

若初次見面不順利，就再捲土重來

第一次見面若是嚇到貓而以失敗告終，那就暫時退出，千萬不要死纏爛打。等貓咪心情穩定下來或者又再次靠近時，再從嗅聞味道這個階段開始，慢慢重新培養感情。

留在心中的壞印象拖得越久，修復關係的時間就會拉得越長，因此要盡早開始修復。年輕的貓咪比較不會計較，但與高齡貓其實也能建立良好關係，只要秉持耐心、謹慎應對，那就沒有問題了。

食物的力量非常強大，當貓靠近時只要餵牠們吃點零食，就能輕易蓋過之前在牠們心中的壞印象。餵食的時候也是一樣，動作要慢一點。若要讓貓熟悉你的氣味，那就將貓飼料握在手中之後再放進貓碗裡。要是貓咪拒你於千里之外，站在遠處悄悄把貓飼料丟到牠們身旁，也不失為一個好方法。貓咪吃了之後如果心情稍微放鬆，那就有機會慢慢靠近牠們。但是貓害怕的情緒若是遲遲無法平息，那就先等個半天，等牠們冷靜下來再從頭開始。

案例 8

\ 困擾的行為 /

行為
摸貓的時候，會突然被反咬一口
發生時期
從接回家時開始

難以戒除小貓會咬人的習慣

DATA

米克斯
女生 ・5 個月
（未結紮）

●同住家人　本人（38）、丈夫（50）、長男（19）、長女（11）
●同住動物　虎皮鸚鵡
●原有疾病　無
●看家時間　平日約6小時，假日不一定

現在才5個月大，牠長大之後應該會改……。
不行喔～不要有這樣的期待會比較沒有傷害喔。
就算看似有所改善，但要是貓咪覺得有哪裡不對勁，咬人這個習慣還是有機會再次出現的。
怒目
所以要趁現在採取措施，好好應對。
那要怎麼做呢？

首先讓我們了解一下，貓咪為什麼會咬人的原因吧。
貓咪咬人的主因
1 把手當成玩具
晃動的手刺激了狩獵本能，會想咬一口
2 因為恐懼而攻擊
無法從恐懼中逃脫時，
就會用咬的發動攻擊
3 鬧脾氣
為了釋放焦慮的情緒，
所以亂咬無關的人或物
4 不想被摸
不想讓人摸太久，
所以用咬的方式來表示拒絕
＊此外貓咪若因受傷或身體不適而感到疼痛，
這時若還被摸，有時也會咬人。
① 把手當成玩具
小麻糬不是有時會出現像是玩弄手指的舉動嗎？
如此一來，就會讓貓咪有手＝玩具的印象了。
記住了♥
這麼一說……
丈夫常常用手跟牠玩呢！
那就先改掉這個用手玩的習慣吧！
牠若是想要玩手指，就立刻用玩具分散注意力。

市面上的貓玩具有很多種，遊玩方法也是各有千秋。
各式各樣的玩法
於地上爬行
在高處晃動
晃動節奏忽快忽慢
形形色色的種類
就讓我們幫小麻糬找到牠喜歡的遊玩方法以及喜歡的玩具吧。
這個！
原來如此……
貓咪會喜歡那些能夠陪著牠們玩得開心的人們喔。

② 因為恐懼而攻擊／③ 鬧脾氣
害怕的時候
〈表情〉
・瞳孔放大
・耳朵稍微向後平貼
・鬍鬚朝後貼近臉部
〈身體〉
・姿勢趴伏
・低頭弓背
・尾巴下垂，顯得搖擺不定
生氣的時候
〈表情〉
・眼神銳利，越是憤怒，瞳孔就越細。
・耳朵稍往後拉
・鬍鬚平行朝前
〈身體〉
・尾巴尾端迅速左右甩動
因為恐懼而發起攻擊以及鬧脾氣等，這些情況從貓表現的肢體語言也看得出來喔。
此時飼主最好的方法就是走為上策，一看到貓這樣，就離遠一點。
悄悄
貓如果會感到害怕，就更是如此。
應該沒有人會喜歡待在心情不好的人身旁吧？
可是我覺得麻糬好像都不是這些情況……

④ 不想被摸
那麻糬應該是那種突然間討厭被人摸的貓吧。
呼嚕呼嚕 呼嚕 呼嚕♥
1秒後
摸夠了沒
貓咪習慣獨居生活，通常都不會隱藏自己的情緒。
只要看穿牠們的肢體語言，就能掌握心情不悅的信號。
哦！
貓咪不高興的信號
閃過～
會閃過手
拍打尾巴
耳朵朝後拉
……

如果被貓咪咬了，即使如此也還是，絕對不可以打牠或是大聲斥責喔。
拍打・敲打
臭貓！
破口大罵
要是讓貓心生恐懼，反而會進一步引發更多攻擊行為。
膽顫
心驚
最重要的是，不管發生什麼事，都不要刺激貓，讓牠想要咬人。
原來如此
飼主要是被貓攻擊，那就把情況記錄下來也可以。
5/1（四）晴天 17:30
・在貓塔裡睡覺
・有人按對講機
・被吵醒之後心情變差
・伸手想要安撫牠時卻被咬了一口
從中找出傾向，要是看到貓咪出現這些情況時，最好躲開。

玩耍的話要用玩具
知道了
我家麻糬咬人的習慣已經改善很多了！
半年後
在撫摸牠的某一個瞬間，我就立刻察覺到麻糬牠開始在甩尾巴。
嗯？
甩尾
甩尾
這種情況下，我通常就會暫時不摸牠了，先觀察再說。
有時候牠會就那樣子睡著了♥
不錯喔！這樣麻糬的情緒應該會從此穩定下來。

找出貓咪咬人的原因，以採取適當的對策

案例 8

透過解讀肢體語言了解變化無常的貓咪情緒

野生時代的貓會狩獵以捕捉獵物，因此撲向晃動的物體在動物行為學上屬於自然的習性。但是咬人的次數若是太過頻繁，一起生活的飼主也會感到困擾。所以我們要一邊考慮到貓的習性，一邊找出原因，並且教導貓咪「不可以咬人」。

咬人的原因首先要想到的，就是牠們可能以為手腳是可以咬的玩具。在貓咪還小的時候，若是飼主若曾伸手逗弄玩耍，就會讓牠們心中留有「可以玩手」的印象，而且這個習慣就算是成貓之後也不會有所改變。因此在陪愛貓玩耍時，全家人一定要堅守用玩具玩耍的這個原則。

第2個原因是因為恐懼而發動的攻擊。貓在感到危險時會先靜止不動，並伺機逃脫以躲避危險。但對方若是窮追不捨，反而會讓貓咪鋌而走險，起身反撲。若是一直在貓後面緊追的話，說不定就會被反咬一口。故當貓咪驚魂未定之前，就讓牠們自己好好冷靜吧。

第3個常見的原因，就是「討厭被摸」。當貓咪休息的時候去摸牠，若是突然被咬一口，那麼就應該是這種情況了。

獨居生活的貓只需考慮自己的舒適與否，所以情緒才會如此善變。明明前幾秒還好好的，結果翻臉竟然比翻書還快，但這就是貓的習性所以無法改變。飼主只能靠貓咪的肢體語言來判斷，若是察覺貓咪有一絲不悅，那應對的方法就是趕快停手。至於讓人撫摸這件事，每隻貓各有所好，也有的貓咪是可以長時間一直摸下去的。

而另外一件要牢記於心的事，就是貓咪會「鬧脾氣」。就像我們人類心情煩躁時會拍桌子。貓也是一樣，只要一感到焦躁，就會把怒氣發洩在無辜的人事物上。但既然是飼主，應該多少可以察覺到愛貓的情緒。若是覺得牠今天心情好像不佳，重要的就是不要還故意靠過去了。

案例
9

攻擊行為的困擾③

\ 困擾的行為 /

行為
會從沙發下面襲擊次男
發生時期
約從1歲開始

貓會躲在沙發下面，對家人發動襲擊

我家的成員有5口，就我們夫妻、2個兒子和貓
這是愛貓尼祿。

不過最近我們遇到了困擾。
呀—
!!
你怎麼了!?
我被尼祿咬了——!!

DATA

俄羅斯藍貓
男生・2歲
（已結紮）

- 同住家人　本人（35）、丈夫（34）、長男（10）、次男（6）
- 同住動物　無
- 原有疾病　10個月大的時有外耳炎。點耳藥治療
- 看家時間　平日約5小時，假日不一定

貓咪尼祿會躲在沙發底下並且會襲擊家人。
呀
撲
抓
主要的受害者是次男。
是因為他的反應很有趣的關係嗎？
乖乖
於是我們把沙發底下整個塞滿滿！
你一看
嗯……
要怎麼辦才好呢

就算尼祿想鑽進去，也不可以把東西拿開喔！
不滿
好—
哎呀～媽媽的應對方法太棒了。
拍手
拍手
拍手
對貓咪尼祿來說，次男大叫的反應在牠心裡面，想必是完成狩獵的信號吧。
埋伏等待
狩獵
呀
讓獵物有反應
整個過程都很有趣喔♫
貓就是靠這種方式得到成就感。
用物理性的方法，不讓貓咪為所欲為這樣其實不錯。
但是牠可能會改採其他方式喔。

比方說，改從陰暗處或是比較高的地方發動襲擊。
可能喔……
因此我們試著採用替代行為吧！
替代？
用玩具吸引企圖攻擊人的貓，藉此分散掉牠的注意力。
尼祿——你快來這裡玩——
也就是讓牠覺得要玩耍的話，不如玩玩具會比較有趣。將行為替換掉。
喔♪
颯
颯
颯

為了讓牠遠離目標人物，也有個方法是可以把牠叫到別的房間去。
尼祿—
也要多準備些玩具，而且要是尼祿看了一定會上鉤的玩具喔。
全家都要一起同心協力很重要喔！
說是要這樣—
原來如此
我在跟家裡的人說過之後，哥哥非常積極，
尼祿—
經常幫我仔細觀察尼祿的一舉一動。幫了大忙。
我家孩子的成長
真感動♥
真的是太好了

案例 9

利用其他遊戲，昇華貓咪的狩獵心

貓咪個性越是愛玩活潑，就越容易飛撲而來

從陰暗處撲過來、一直纏著腳不放之類舉動稱為「遊戲性攻擊」行為。是一種要飼主「一起玩！」的舉動。這麼做不僅可以引起飼主的注意，還能滿足自己的狩獵本能，所以此時貓咪的心情應該會感到相當興奮。

但是貓咪突然撲過來的話，飼主應該會嚇到吧。畢竟貓那銳利爪子和牙齒都是堂堂的凶器，因此就算對貓來說是在玩，但卻會讓飼主心生恐懼。

會出現這些行為的貓咪大多愛玩、個性活潑。為了避免牠們在失控時飛撲過來，飼主勢必要靠其他可以滿足牠們的方法來阻止。最好的方法，就是盡量抽空讓貓咪玩個盡興，並且找到可以讓牠們心滿意足的玩具或遊戲。

阻擋貓咪撲過來最有效的方法，就是和漫畫一樣堵住牠們可以藏身的地方。不過貓咪受到驚嚇時會需

要有個地方避難，所以牠們的藏身之處也不可以封到一個都不剩。貓咪若要攻擊家人，通常都會躲在人們經常走動的通道，所以只要堵住家人動線上可藏身的地方就好了。貓咪若是喜歡從高處跳，那就盡量不要經過貓塔或貓走道附近，同時也要避免貓咪跳到冰箱或櫃子上方。

反應太過激烈的人往往會成為貓的首要目標

貓有時會鎖定目標飛撲而去，例如漫畫中次男就是被貓盯上的對象。只要那個人的反應引起貓的興趣，而且經常出現在方便襲擊的地方，就會非常容易成為貓的襲擊目標。只要對方反應激烈，貓就會覺得非常有趣而且格外有「成就感」。但要注意的是，對貓來說或許是在玩，但要是每次都被盯上，甚至因此受傷的話，孩子可能會越來越討厭貓。

若是貓樂在享受目標的激動反應而撲過來，那麼只要不讓牠們得逞，就能漸漸降低遭到攻擊的機率。但就算是大人，應該也很難做到

突然被飛撲卻不尖叫吧？為了不讓貓咪再三飛撲襲擊，全家人一定要同心協力，好好陪牠們消耗體力玩個盡興，還要盡量利用玩具轉移牠們的注意力。

如果貓咪覺得玩具更有趣，就會開始覺得比起飛撲人類，玩耍還比較有趣。這種將困擾行為轉換成其他行為的「替代」方法，在寵物行為治療中也很常見。

經常這樣 解讀貓咪的行為！

以動物行為學的立場分析，
解讀貓咪讓飼主百思不解的行為和舉動！

經常這樣 1 妨礙飼主操作電腦的行為

引起飼主的反應，貓咪更開心

看見飼主在電腦螢幕前專心工作的樣子，貓咪就會想：「要是我也坐在電腦前或鍵盤上的話，這傢伙就會把視線放在我身上了。」因為正在工作不能亂動的飼主會試圖請貓咪下去，或者跟貓咪聊聊天、摸摸牠。對貓來說，牠們會非常開心有飼主陪伴，並且體認到「只要在電腦前或鍵盤上就會有好事發生」，因而一再重複相同的行為。

經常這樣 2 躺在攤開的雜誌或報紙上

覺得是得到對方理睬的大好機會

飼主要是和打電腦的時候一樣，動也不動地坐在某地方看報紙或雜誌的話，貓咪就會認為這是引起對方注意的大好機會。加上報紙和雜誌上面暖暖的，又非常容易留下自己的氣味，所以貓咪才會那麼喜歡躺在上面。這樣飼主就會出聲要求貓咪「讓一下啦～」或不停地摸牠們。若是不想被干擾，飼主最好在貓咪企圖靠過來的時候趕緊離開，這樣牠們就不會再想要趴在上面了。

經常這樣 3

只要一睡覺，就會爬到我的臉上

感受飼主的心跳，重溫胎兒時的安心感

據說貓咪會這麼做，有可能是因為飼主溫暖的臉以及跳動的頸動脈，讓牠們想起胎兒時期聽到的母貓心跳聲，感覺十分有安心感，所以才會如此。另外，嘴巴周圍通常會有各種氣味，好奇心重的貓咪聞過之後通常會順便磨蹭，想讓最愛的飼主和自己的氣味混在一起。除此之外，牠們還知道一件事。那就是只要趴在臉上，飼主就會醒來摸自己。

經常這樣 4

會飛快地鑽入箱子或袋子中

只要躲在狹窄之處就會格外安心

貓喜歡狹窄昏暗的地方，加上箱子和袋子裡溫暖又舒適。牠們將這些地方當成只要躲在裡面，就可以安心觀察對方的隱蔽處。有時貓咪身體的肉會因為箱子太小而整個滿出來，但全身都擠在裡面的貼合感反而讓牠們感到格外安心。所以家裡若有新的貓成員來或者是搬家時，不妨準備一個可以讓貓咪擠得進去的小箱子，這樣就能幫助牠們盡快熟悉新環境喔。

經常這樣 5

自己會去把門打開

貓咪會觀察學習飼主的一舉一動

應該有人曾經在網路上，看過貓咪自己開門的影片吧。這是牠們看到飼主開門的樣子而偷偷學會的。如果沒有逃脫之虞，而且飼主也不在意的話，那就沒有什麼大問題。但若不希望貓咪自己開門，那就要設法解決這個問題了。貓容易開啟的是只要往下壓就可以開門的水平式把手。因此飼主可以垂直安裝，或者改用旋轉門把，這樣問題就能解決了

經常這樣 6

會用前腳撈起水來喝

有時是因為好玩，有時是因為不安引發的行為

之所以用前腳喝水，是因為水紋波動的樣子很有趣，對貓來說這有可能是一種遊戲，也就是與把東西推下去的「操作欲求」（p.197）相同。其他原因方面，還有不喜歡鬍子碰到水，或者把臉埋進碗裡喝水時看不到周圍會不安。為了避免這些情況發生，貓咪才會用手來撈水喝。但有時候是因為牠們看不清碗裡到底裝了多少水，也就不知道頭要低到什麼程度才會喝到水，如此不安也會讓貓咪想要用腳撈水喝。碗裡的水量若是不固定，往往會讓對變化比較敏感的貓感到壓力。在這種情況之下飼主不妨用又寬又淺的容器當作水碗，水量也盡量保持固定吧。

第4章

焦慮行為的困擾

最怕家有訪客、不親人、窮追不捨……等等，
家中貓咪因為焦慮而產生的行為，
往往讓飼主為此煩惱不已。

\困擾的行為/

行為

只要家裡有客人，身體就會不舒服

發生時期

從小貓就一直如此

案例 10

貓咪極度討厭人，無法邀請朋友來作客

我們家只有3口。
成員有丈夫、我
還有小麥。
小麥牠
與家裡的人
的相處都
十分親人融洽。
呼嚕呼嚕呼嚕呼嚕
呼嚕呼嚕
叮咚
嚇

DATA

米克斯
女生・2歲
（已結紮）

- ●同住家人　本人（28）、丈夫（36）
- ●同住動物　無
- ●原有疾病　無
- ●看家時間　基本上沒有（本人為家庭主婦）

啊
噠
宅配
好啦～
沒事啦～
但是牠非常怕生。
前陣子，朋友夫妻來找我們，到家裡作客。
轟轟
從早上開始，小麥就已經發現到今天跟平常不一樣。

貓咪呢？
我想看ー
躲起來了
不出意料，牠果然沒有出現在朋友面前……。
小麥——，
他們已經走了，快出來吧～
還有另外一件令人頭疼的事……。
就是家中有客人來過之後，小麥的食慾就會突然變差。
不想吃了喵……

一想到這樣子會造成小麥的心理壓力，我都不敢隨便邀朋友來玩。
吃不下飯的這種情況，對動物來說真的相當嚴重耶。
而且就算對方回去後，情況還是一樣的話，真的令人擔心耶。
我應該要怎麼做才能幫忙減輕牠的壓力呢？
有項實驗指出，討厭人類的貓爸爸所生出的幼貓，該幼貓討厭人類的機率也會比較高。
討厭人類的貓爸爸
所生下的小貓又是如何呢？
可見貓討厭人類的這個個性，是會遺傳的。

與遺傳有關，是不是就代表著改不掉呢？
也不是改不掉啦。
?
只是要像這樣，一直跟貓咪練習，讓牠慢慢地熟悉人類。
作為前提
貓咪一定會吃的零食
每天都會來家裡玩的人
肉泥
肉泥
克服貓咪討厭人類的教學
1 就算有人按門鈴也能繼續吃零食
2 開門之後就算客人站在大門口也能繼續吃零食（剛開始時客人只能待一下就走）
3 慢慢拉長客人待在大門口的時間
4 就算看到客人在家裡也能繼續吃零食（剛開始時客人要立刻離開）
5 慢慢拉長看見客人身影的時間
6 就算與客人同處一室也能繼續吃零食（剛開始時客人要立刻離開）
7 慢慢拉長客人停留在家裡的時間
哇……
重點在於一定要讓貓咪「吃完零食」！
好吃♥
肉泥

刺激
弱
強
像上述這樣，從最弱的刺激開始循序漸進，此方法稱為
「系統減敏感法」（p.120）。
不過這樣需要時間與耐心，至於想要貓咪進行到哪個階段，要看主人了。
天哪？？？
家庭會議
……所以……就是這樣
是喔— 但是我不想要勉強牠耶
不然，乾脆的做法就是和朋友約在外面見面，這個做法也是方法之一喔。
我們家的貓很怕人，約在外面吧～
小麥就跟我一起看家吧！

案例10

貓咪「討厭人類」的個性是取決於遺傳!?

看到陌生人就會逃跑的貓，與會主動接近的貓，差別在於？

大多數的貓都很黏家裡的人，但一有客人來就會躲到不見蹤影。我們在案例7（p.86）曾經提到，陌生的訪客對貓來說，是一種會侵犯到自己地盤的威脅。而躲起來保護自己，是沿襲自野生時代的習性。一旦察覺到危險就趕快逃走是保住性命的黃金法則，就算是家貓也還是留有這種本能。

不過有些貓咪反而我行我素，就算家裡有客人來也毫不在乎，明明是第一次見面，卻大膽到敢爬到對方腿上。明明都是家貓，為什麼會差這麼多呢？

動物行為學相當盛行研究貓的心理，甚至有人把目標放在「為何有的貓怕人，有的貓親人」這個主題上。最近甚至有人提出一個說法，那就是貓咪怕人有可能是遺傳造成的。因為有個實驗證明，討厭人類的貓爸爸所生的小貓也會討厭人，但是親人的貓爸爸所生的小貓也會親人。

動物行為學的研究，
讓我們對貓
有進一步的了解。

在這個實驗當中，將討厭人類以及親人的貓爸爸所生的小貓，都依照同樣的方式飼養。所有的幼貓在2至3個月大之前都表現得非常親人，而且還透過「社會化」的訓練習慣周遭的人、其他貓以及各種的事物。

但是，後來在確認那些被送養幼貓的情況時，卻得知一個狀況。那就是貓咪在1歲大時，討厭人類的貓爸爸所生的幼貓變得會討厭人；而親人的貓爸爸所生的貓則是會親人。順便一提，由討厭人類的貓爸爸所生的小貓，在飼養時如果沒有經過社會化，就會更加討厭人類。可見貓咪不親人的個性，其實是根據遺傳及成長環境，交互作用下產生的結果。

貓咪在2至9週大時是「社會化感受期」的重要階段。但就算錯過這個時期，還是可以隨時透過訓練來減輕貓對人類的厭惡感（請參考次頁以及p.116）。

Next

案例
10

雖然耗時、費精力，但可以緩和貓咪討厭人的狀況

要讓貓咪克服討厭人的個性，其實困難重重。但飼主如果還是希望貓咪能夠稍微習慣家中有訪客的話，有個方法或許可以稍微緩和這個狀況，那就是人類行為療法中的「系統減敏感法（Systematic desensitization）」。這是一種對自覺不擅長或令人畏懼的事物，從刺激最低的程度開始接觸，之後再逐漸增加強度，慢慢習慣的方法。若是應用在寵物方面，最為淺顯易懂的例子，就是應用在對大音量會感到不適的貓狗進行訓練。剛開始聲音先調至最小，就是讓牠們不會有反應的音量，之後再隨著天數的累積慢慢調大，直到貓狗習慣飼主希望牠們可以接受的音量。重點在於要從貓狗察覺不到的音量開始訓練。

要讓討厭人的貓咪習慣訪客也是一樣，首先要從牠們察覺不到的程度著手。具體方法就和漫畫中的教學一樣，先從停留非常短暫、距離較遠的地方開始，之後再慢慢拉長時間、縮短距離。這樣的訓練需

飼主要先想一下，
有必要讓貓咪
習慣陌生人嗎？

要投注不少時間與精力，至於是否要如此勞心勞力，就看飼主了。

飼主若是決心訓練，就要記住一個重點，那就是配合貓咪的節奏。而且每個步驟完成之後，都要給貓咪零食才能算結束。因為吃零食算是一個完美的句點，這樣就不會在貓咪心中留下有訪客這個不愉快的回憶了。累積成功的經驗很重要，絕對不可以在貓咪害怕客人的時候硬要牠過來吃零食，或者貓咪明明想吃，但還沒吃到就結束整個過程。這樣不僅會讓牠們在心中對訪客留下非常差的印象，要是沒處理好，還會越來越討厭人類喔。

訓練貓咪時的注意事項

☑ 以愉快的心情結束訓練

最後只要以吃零食結束訓練，在貓心中留下「好吃」的記憶，下次再遇到同樣的事就不會排斥了。

☑ 不要勉強

貓咪如果不願意，就要立刻帶牠們離開，移動到可以安心地享用零食的地方。

☑ 欲速則不達

訪客停留的時間若是突然拉長，或者企圖靠近等過於強烈的刺激都會讓貓咪倍感威脅。

☑ 飼主要放輕鬆

飼主若是煩躁或緊張，情緒也會影響到貓咪，不過這樣反而會讓牠們更害怕。

困擾的行為

行為
認養了一隻貓，但卻不太親人
發生時期
認養後就這樣了

案例 11

認養的貓經過半年，還是跟人不親

在貓咪認養會上遇見了一隻貓，讓我看了就一見鍾情。
這個孩子還不太習慣與人親近，
要先試養看看嗎？
因為無論如何都想要認養那隻貓，於是拜託對方讓我們試養。

DATA

米克斯
女生・2歲
（已結紮）

- 同住家人　本人（25）、丈夫（31）
- 同住動物　無
- 原有疾病　無
- 看家時間　基本上沒有

這隻貓的個性，真的誠如工作人員所言，確實是非常地害羞
不過到了試養的第3天開始，牠就會慢慢地在家中展開探險了……
悄悄
因此覺得應該沒問題！
抱持如此想法的我們，於是決定正式領養貓咪。
終於成為我們家的貓了！
名字叫「露娜」喔—
好期待喔。

然而我自己卻犯了大錯。
露娜♥
想說既然露娜都已經是我們家的孩子了，就毫無顧慮地伸手要去摸牠。
嚇
躂
啊
結果那之後，露娜在沙發底下躲了大半天都沒有出來。
和丈夫商量過後，決定為露娜買個貓籠，看看牠在裡面會不會感到安心一點。

一邊在餵飯給牠、清理貓砂盆的同時，也在等待露娜能夠自己出來！
該吃飯囉～
下定決心後，我就一直靜靜等待。
視而不見～
等到我們真正可以摸到露娜本貓時，是3個月之後。
原來如此。
讓露娜住進貓籠裡，還有飼主們並未對貓咪有任何進一步的反應，我覺得這些都是正確的判斷喔。
因為這樣都可以讓露娜覺得貓籠是一個安心的地盤。
哈

這樣的做法應該也可以讓貓咪慢慢習慣各種生活的聲音。
洗澡水好了喔♪
叮咚
露娜現在的狀況已經有穩定下來了嗎？
有吧……，但是個性還是非常膽小。
如果是這樣，那飼主就要找出專屬於露娜的救世主吧！
救世主？
救世主就是不管露娜在多緊張的狀態，還是一定會吃的零食，還有會去玩的玩具。
喔——
雞肉乾
肉泥

要是手邊有牠一定會吃、會玩的「救世主」，
當牠遇到可怕的事情時，就可以用救世主來覆蓋那些不好的回憶了。
覆蓋記憶
嚇
咔喳
遞
好吃
這是什麼～怎麼會這麼好吃
想認養的流浪貓在試養的期間，如果相處順利，通常都能配對成功。
但是正式認養時，生活環境若是與試養期間不同，就有可能造成貓的壓力
何謂與試養期間不同的環境
・多了一位沒看過的家人
・多了一隻沒看過的動物
・看家時間變了
・家具位置變了
・生活作息改了
等等
不過此案例的情況不同
請認養貓咪回家的飼主不要感到心急，一定要好好與貓咪相處喔。
這樣的距離剛好～

將認養的貓咪接回家時，千萬不要勉強牠就範！

案例 11

切勿急著摸牠或抱牠，耐心等待貓咪熟悉環境

近年選擇認養浪貓的家庭越來越多，而且到處都有團體在舉辦貓咪認養會。

但在正式把貓帶回家養之前，大多數的認養團體都會進行「試養」。試養是指有意認養某隻貓的人先將貓咪帶回家一段時間，以確認那隻貓是否適合在這個家裡生活；而即將成為飼主的人也可藉由實際餵貓以及清貓砂盆等事情，趁機好好體驗「與貓咪共同生活是怎麼樣的情況」。家中如果已有其他動物居住，也可在這段期間看看彼此之間是否能融洽相處。試養若是順利，基本上正式把貓帶回家應該就不會有什麼問題。

需要注意的，是試養之後正式把貓接回家的時候。試養的時候，明明人們都會十分謹慎小心；開始正式飼養之後，千萬不要犯了「牠已經是我們家的貓了」而勉強貓咪就範的大忌。急著抱起來摸或者拍照拍個不停，這樣的舉動都有可能讓貓咪感到不安。認養的貓如果個

性敏感，身為飼主的我們第一個要注意的，就是盡量營造一個可讓牠們安心生活的環境。為了證明「這是一個可以安心的地方」，暫時讓新來的貓咪住在貓籠生活也不失為一個好方法，因為不少貓咪被圍起來反而會更安心。至於要在什麼時候從貓籠裡出來，就讓貓咪自己決定吧。

第一次當飼主的人最常出現的舉動，就是呼朋喚友來看貓。雖然有些貓適合當公關貓，但是警戒心強的貓看到陌生人，有時會陷入恐慌之中，這樣反而會讓牠們才剛到新家就飽受壓力，所以飼主最好不要這麼做。

另外，家中情況若與試養期間不同也會造成貓咪的壓力。例如出現了試養期間不曾現身的家人、看家時間比試養期間還要長等等。**家裡環境盡量與試養期間相同是鐵則。**如果無法保持原有的環境，最好先與認養團體商量，甚至重新再試養一次。

案例
12

\困擾的行為/

行為
不停舔舐腳尖舔到紅腫
發生時期
約從1年前開始

貓咪一直在舔腳尖，舔到腳都紅腫了

紅紅的，好像很痛……
小夢啊！你的腳發生什麼事了!?
醫院……要趕快帶去醫院！
動物
P 動物醫院
貓咪會這樣子，並不是因為過敏喔。
是不是因為壓力太大，舔過頭了？
再多觀察貓咪的狀況看看吧。
我竟然沒有發現小夢有壓力，我是個不合格的飼主……！
打擊
舔
舔
舔

DATA

米克斯
女生 · 13 歲
（已結紮）

- 同住家人　本人（57）、丈夫（55）
- 同住動物　無
- 原有疾病　7歲時疑患有尿結石，而改餵處方飼料
- 看家時間　無

看來有必要比以前更加更加再多關心小夢才行!!!
你在吃飯嗎？
盯—
有在尿尿嗎？
盯——
有在呼吸嗎？
盯
小夢所有的一舉一動，我都不會放過！
惡化
為什麼這樣～!?
舔
舔
舔
舔
這是為什麼呢!?
不是啊……，當然會如此呀！

有沒有想過，
要是生活的大小事，
都被別人以
近到快要貼在身上
的距離盯著看，
會怎樣？
盯～
可是，
獸醫師有
交代我要好好
觀察貓咪的狀況呀!?
就算沒有貼在貓身旁，
也可以觀察牠的狀況，
不是嗎？
像這樣
偷看
會這樣做是不是
出於「我有在看」的
自我滿足呀？
逼近
嗚……。

貓基本上，是一種私生活空間非常寬的生物。
小夢呀～在睡覺啊～讓我拍個照～
你是不是原本就太常去找牠玩了？
心驚
可是，不然要怎樣才能和家中貓咪增進感情呢？
就算不用死纏爛打，只要能得到貓咪的信任，牠們還是會主動靠過來的喔。
小夢呀～
每次都是自己靠過去
嗚嗚……。
我原來沒有受到小夢信任……
消沉
不用那麼傷心啦
不過，觀察貓咪的狀況，確實是很重要的事情喔。

「異於平常」是關鍵
因為這樣飼主就可以在早期就發現疾病。
胃口看似比平常還要差耶
比平常還要少動耶
不過這次小夢身上不舒服的症狀卻反而變多了。
嗚嗚嗚……
也就是說，目前飼主的處理方式其實並不是恰當的做法。
要麻煩飼主重新檢討，適合家中貓咪的相處方法了。
好……。
4個月後
醫師！小夢的腳痊癒了！
喔！

我改在距離小夢上廁所以及吃飯有點遠的地方觀察。
要忍
要忍
適當的距離
就連在睡覺時，我也盡量提醒自己不要去吵牠。
喵——
如此一來，我家的小夢自己主動靠過來找我的次數竟然增加了！
信任關係有所提升了耶。
喵——
沒錯！

案例 12

不喜歡一直被黏著！這樣做會被有些貓討厭

保持貓咪滿意的距離，從旁觀察狀況才是重點

有不少對貓咪愛情過剩的飼主會出現以下的情形：摸貓咪摸個不停；要是看到貓咪剩下幾粒貓飼料沒吃，就會驚慌失措、呼天喚地，對貓咪的一舉一動，反應誇張。貓基本上是一種獨立自主的生物，過度干涉反而會對牠們造成壓力。明明想安靜地睡個覺，飼主卻一直過來騷擾；明明想在貓砂盆中專心解放，飼主卻緊盯在旁。以上這些誇張的飼主行徑，只會讓貓咪覺得煩躁不已。若是不改，飼主與貓咪的關係恐怕會覆水難收，還會引發行為問題。

想要贏得貓咪歡心，基本原則就是「等貓靠近時再好好跟牠們玩」。基本上來說，飼主也是不可以主動去拚命找貓咪玩的。只要在貓咪想要找人玩、想要討抱撒嬌時，做些讓牠開心的事，就能提升飼主在貓心中的好感度。

雖說不要一直找貓咪玩，但是飼主可別誤以為把牠們晾在旁邊就是「讓貓自由」喔。還是要經常觀察貓咪的狀況，因為及早發現異常

焦慮行為的困擾③

很重要。

貓主要的壓力訊號之一，就是「舔舐身體」（請參考p.75）。舔舐身體這個動作雖然包含了梳理毛髮，但若是因為壓力引起的，飼主通常會不易察覺。接下來就讓我們先了解這兩者的差異吧。

貓咪理毛梳洗的時間點，通常是在飯後或睡前等心情放鬆的時候才會進行，以坐姿或躺姿居多。而且會從臉、身體、背部一直舔到腳，不會只舔同一個地方。

貓咪若是因為壓力舔身體，時間通常會偏長，而且會非常堅持舔舐某一個地方，結果導致毛髮掉落，甚至引起皮膚炎。這叫做「過度舔毛」。過度舔毛的位置主要在前腳內側、肉球、腹部以及後腳內側。要是察覺貓咪舔毛的樣子好像有點不對勁，那就好好看一下這幾個部位的毛有沒有變得稀薄、皮膚有沒有變紅。

案例
13

貓都會邊叫邊追在身後，一天比一天激動

\困擾的行為/

行為
只要我在家，就會窮追不捨
發生時期
從接回家時開始

夢寐以求與貓咪的同居生活終於開始了。
好乖
好乖
但是我自己獨居在外，所以貓咪看家的時間也會比較久。
我出門了喔～
喵～
看牠每天早上都會送我出門，真的打從心裡感到非常地開心。

DATA

阿比西尼亞貓
女生・8個月
（未結紮）

●同住家人　本人（29）
●同住動物　無
●原有疾病　無
●看家時間　平日約10小時

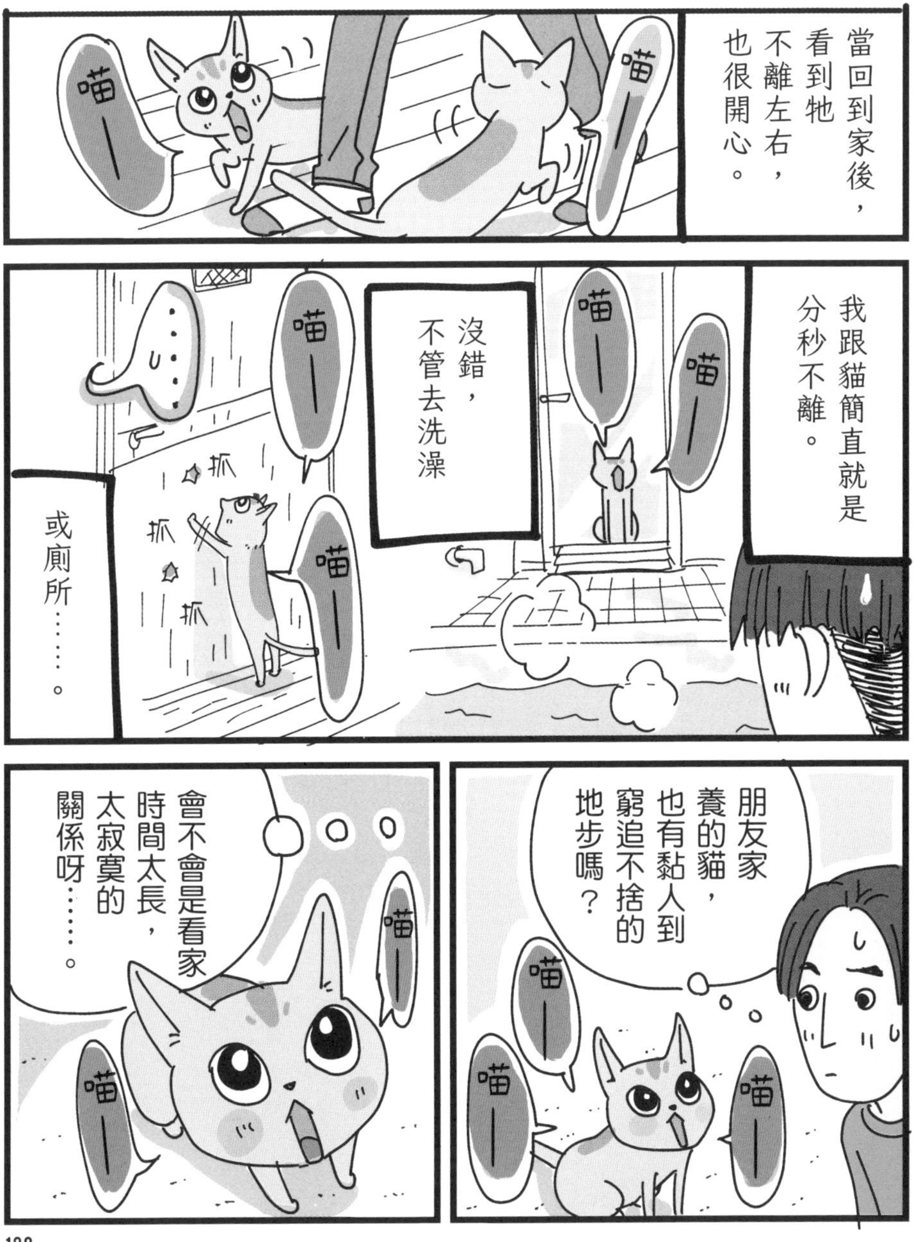
當回到家後，看到牠不離左右，也很開心。
喵——
喵——
我跟貓簡直就是分秒不離。
喵——
喵——
沒錯，不管去洗澡
喵——
……
抓
抓
抓
抓
喵——
或廁所……。
朋友家養的貓，也有黏人到窮追不捨的地步嗎？
喵——
喵——
喵——
會不會是看家時間太長，太寂寞的關係呀……。
喵——
喵——

加班到太晚了啦
好啦、好啦
我回來了
喵—
喵—
牠的叫聲比平常還要大聲。
都怪我太晚回家了。
喵嗚—
對不起，太晚餵了。
黏緊緊
噠噠噠噠噠
緊跟在後的程度比平常還要黏……。
喵—
喵—
這種緊跟在後、撒嬌的情況，過段時間會改善的吧……。

那倒是未必會如此喔。
嚇了我一跳
當想要表達撒嬌或是愛戀的心情時，貓通常都會默默跟在身後。
若是一邊叫一邊緊追在後的話，有時就代表牠們有所要求。
喵－
喵－
有所要求
默默地跟在身後
從牠們叫的方法也可以判斷一二。
一直叫到嘴巴閉上才停的叫聲，大多代表牠們有所要求。
喵－
嗯
咦？妳的意思是說……？

沒錯，莉莉的叫聲顯然是有所要求的叫法喔～。
啊啊啊～～！竟然不是單純對飼主的撒嬌呀～。
那麼貓咪想對飼主要求的事情是什麼呢？遵守餵飯的時間，想要玩得久一點之類的……。
喵——
呃……
因為貓喜歡規律的日常生活，要是生活的步調太過混亂，反而會對牠們造成心理的壓力。
看飼主要不要考慮使用自動餵食器，或是請寵物保姆。
好好地改善莉莉的日常生活呢？
爸爸不在呀……
沒有飯飯…

之後……
醫師！
我家莉莉的情況現在穩定多了！
晚回家的日子，我就會拜託女朋友幫忙照顧牠。
也添購了自動餵食器放家中喔！
喔♥
還有啊……，因為女朋友對我說她也想和莉莉一起生活……，
害羞♥
所以現在我們也決定結婚了！
恭喜！
不過家裡要是突然多出一個人，莉莉可能會嚇到，所以也要多加注意這一點喔。
好！

案例13

邊叫邊跟在飼主身後，代表貓咪有所要求

貓若是一直追在身後要求，就有必要重新檢視生活環境

貓咪緊跟在飼主身後窮追不捨的行為，被稱為「後追」。就動物行為學的角度來看，認為主要會是這2種情況。

一種是因為撒嬌・愛戀而產生的後追行為。例如，人原本在客廳的飼主因為睡覺時間快到了而走到臥室時，貓咪也會跟在後面、跳到床上；飼主如果在別的房間做家事，貓咪就會過來並待在同一個房間裡開始補眠。這些都是因為撒嬌而出現的後追行為。這個類型的後追行為有個特徵，那就是貓咪不願意和最愛的飼主分離，不管對方走到哪裡就是想要在一起，所以才會形影不離地默默尾隨，可說是出於與飼主的感情羈絆之行動。

而另外一種後追行為，是有所要求時出現的後追舉動。這種後追行為的特徵，就是會出現在有話想對飼主說的時候，例如肚子餓了想吃飯、無聊想要一起玩，所以才會一邊喵喵叫，一邊跟在後面。也會和漫畫中的貓咪一樣，耳朵稍微向後拉，以及一直叫到嘴巴閉上才停

不要覺得跟在身後的貓可愛，就放著不管喔！

的叫法。

就算貓咪是有所要求的後追行為，飼主也未必要事事答應。但若還一直都窮追不捨地要求，恐怕就要重新檢視貓咪的生活環境，因為現在的生活對牠們來說可能不算舒適。這不僅會造成貓咪的壓力，久而久之還會影響到健康。

因此身為飼主的我們，一定要好好確認貓咪最基本的生活方式，例如：有沒有準備一張舒適的貓床、貓砂盆的數量夠不夠、貓砂盆有沒有打掃乾淨、飲食的內容是否適合貓咪、有沒有準備一個可以藏身的地方、陪貓咪玩的時間夠不夠、有沒有空出時間與貓咪互動溝通等等。家裡的環境如果能讓貓咪心滿意足，應該就不會出現有所要求的後追行為了。

有所要求的後追行為之主因

☑ 想要吃飯了
☑ 想找人玩
☑ 希望有人打掃貓砂盆

等等

貓咪專欄 3

也有些貓咪只要與飼主長時間分離，就會「分離焦慮」

建立一個安心的環境，撫平焦慮的情緒

就算天性獨立自主，有些貓咪對飼主還是會非常依戀，或是與同住的動物形影不離。這種個性的貓非常容易陷入「分離焦慮」的情緒中。只要一與飼主或同住的貓咪分開，就會感到惶恐不安、身心不適。若是一直持續下去，就會出現和飽受壓力所困般的症狀，例如「腹瀉・嘔吐」、「在廁所之外的地方排泄」、「食慾不振」、「過度舔舐身體」、「大聲叫個不停」、「破壞物品」等行為（也請參考p.75），而且通常都是在飼主不在的時候才會出現。

有些飼主想法比較天真，覺得心愛的貓咪因為自己不在家，寂寞難耐一直叫的樣子「像在撒嬌很可愛」；但對貓來說，長時間處於壓力過大的情況其實並不妥當。

若是懷疑貓咪似乎有分離焦慮的症狀出現，首先要做的，就是重新檢視貓咪的生活環境，並且準備好一個可以讓貓咪安心躲藏的祕密基地、開心玩耍的玩具、不會讓牠們餓到肚子的自動餵食器（請參考p.62），以及數量足夠的貓砂盆（請參考p.35）。只要貓咪早餐吃得飽，滿足度就會跟著提高，不安的情緒也能得到控制，算是一個不錯的對策。

分離焦慮的情況若是太過嚴重，那就要考慮聽聽專家怎麼說了。請獸醫開立抗焦慮的藥物也可納入考量之中。

第
5
章

多貓飼養的困擾

要是貓咪們和睦相處就是天堂，
但要是關係不好飼主就頭大了！
來看看多貓家庭的常見問題有哪些吧。

\困擾的行為/

行為

原住貓突然發不出聲音了

發生時期

第 2 隻貓來了後

案例 14

多貓飼養的困擾①

家中迎來小貓後，原住貓就叫不出聲了

家中迎來了夢寐以求的第2隻貓。
可愛
亞洛(♂)
哇啊，好小喔～♡
腳好短喔♡
丈夫
毛蓬蓬的～♡
亞洛，我們來吃飯了喔～。
臉紅臉紅～♡
小鈴，稍微等一下喔。

DATA

米克斯
女生・3歲
(已結紮)

●同住家人　本人(26)、丈夫(25)
●同住動物　貓(曼赤肯貓・男生・4個月)
●原有疾病　無
●看家時間　平日約8小時，假日不一定

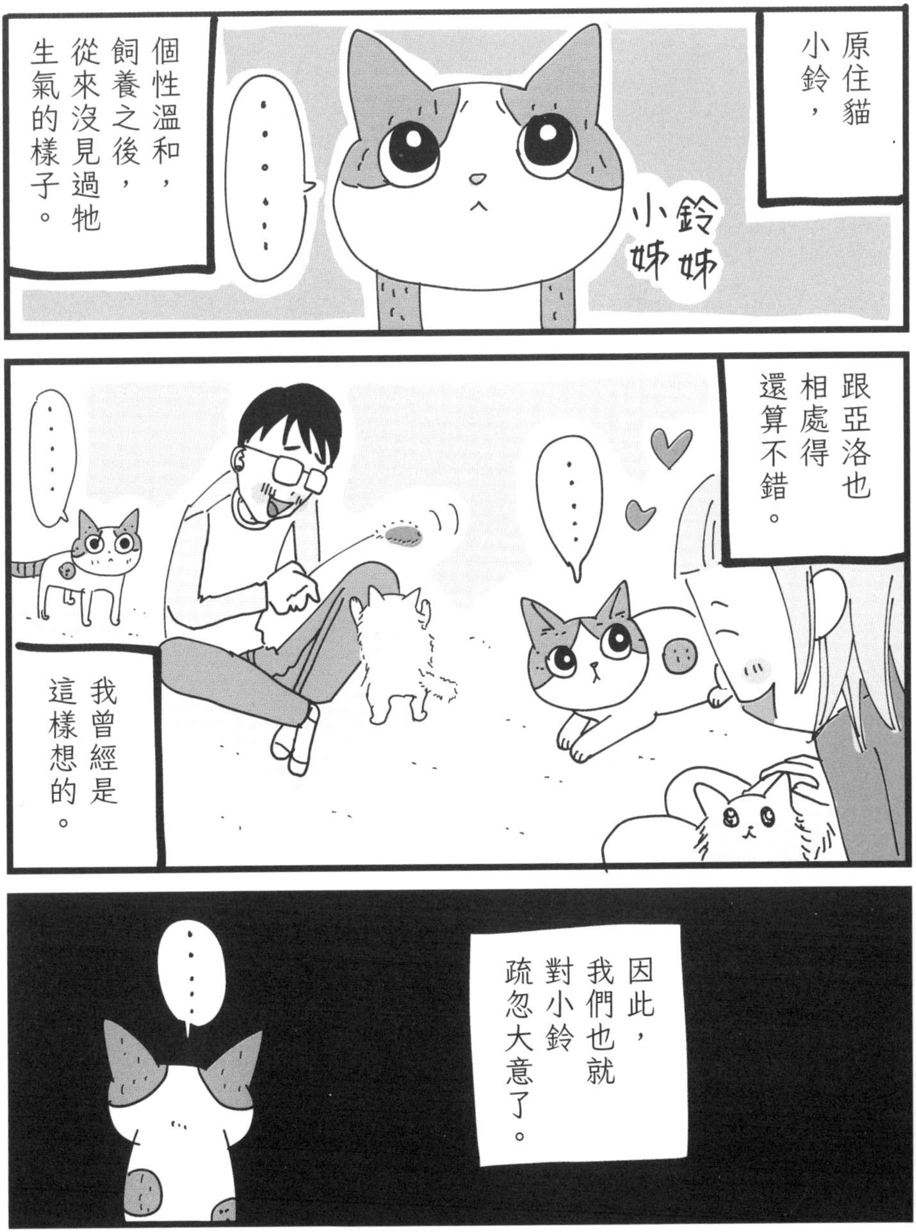

原住貓小鈴，
小鈴姊姊
……
個性溫和，飼養之後，從來沒見過牠生氣的樣子。
跟亞洛也相處得還算不錯。
……
……
我曾經是這樣想的。
因此，我們也就對小鈴疏忽大意了。
……

沒想到小鈴竟然會無法發出聲音了……。
咿——…
小……小鈴妳!?
常看的診所
動物醫
身體上好像沒有什麼異常。
那就好……
這才不好呢。
因為現在小鈴出現的狀況有可能是心因性的壓力所造成喔。
嗚
最近家裡有沒有什麼劇烈變化？而讓小鈴因此而飽受壓力呢？有想到些什麼嗎？
……
嗚嗚嗚……

前幾天被常去看診的貓咪獸醫這麼說了。
哎呀——
不小心搞砸了呢～
在那之後小鈴的情況有比較好一點嗎？
喵——
有的。我們把亞洛帶到別的房間，跟小鈴分開；並且盡量空出時間多陪陪小鈴。10天左右就康復了。
幸好有及早察覺到家中貓咪發出的SOS訊號。
要是因為長時間將壓力悶在心中的話，也有可能會引發牠的憂鬱症。

而且飽受壓力的期間要是拉長，貓咪就會有「不管做什麼都不會變好了」這樣的想法。
什麼!?
可是、可是，飼養多隻貓的情況不是很常見嗎!?
緊貼♥
貓丸子
像這樣子的
那也要看原住貓的個性呀。
●不易接納的個性
・個性敏感又神經質
・很黏家人
・喜歡獨處
●容易接納的個性
・個性外向
・大剌剌的悠閒性子
・曾與兄弟姊妹一起生活過
＊進一步的詳情請參考p.157
飼主
你是我的喔
welcome
悠閒自在～
雖然說小鈴的個性溫和，但這有可能是因為牠原本就比較喜歡寧靜的環境。
喜歡靜靜的♥
呼
所以家中來了活潑的小貓，就會讓小鈴感到壓力。

縮短距離的理想方法
❶ 使其察覺氣息
將第2隻貓放進貓籠裡，並讓牠在別的房間裡生活
❷ 使其看到樣子
打開第2隻貓生活的房門，等待原住貓靠近
❸ 確認飲食①
確認原住貓就算看到第2隻貓也會吃飯
❹ 確認飲食②
確認原住貓可以待在第2隻貓旁邊吃飯
＊貓咪若是處於警戒或不安時就會拒絕吃飯。詳細步驟請參考p.158。
原住貓的個性如果比較敏感，那麼這幾個地方就真的要好好注意了。
而且，最重要的其實是在於飼主的態度。
妳有沒有只顧著陪小貓玩，而把小鈴的事一再地往後推延呢？
心驚
這樣子就算是小鈴，當然也會感到孤單寂寞呀。
……
……是啊。

那牠們2隻貓之後有可能生活在同一個房間裡嗎？
那就讓牠們再次見一面，看看小鈴會有什麼反應吧。
小鈴若是已經習慣亞洛的氣息，而且會靠近牠的房間，就代表相見的時機也差不多到了。
面對面時，在剛開始的階段要先把亞洛放在貓籠裡。
躡手躡腳
只要小鈴有靠近貓籠的話，就可以直接讓牠們面對面看看。
另外，我們還要找出對小鈴來說「不能讓的東西」！
不能讓的東西？
您請 您請
貓咪是和平主義者，除了不能讓的東西，其他的都會讓給別隻貓。

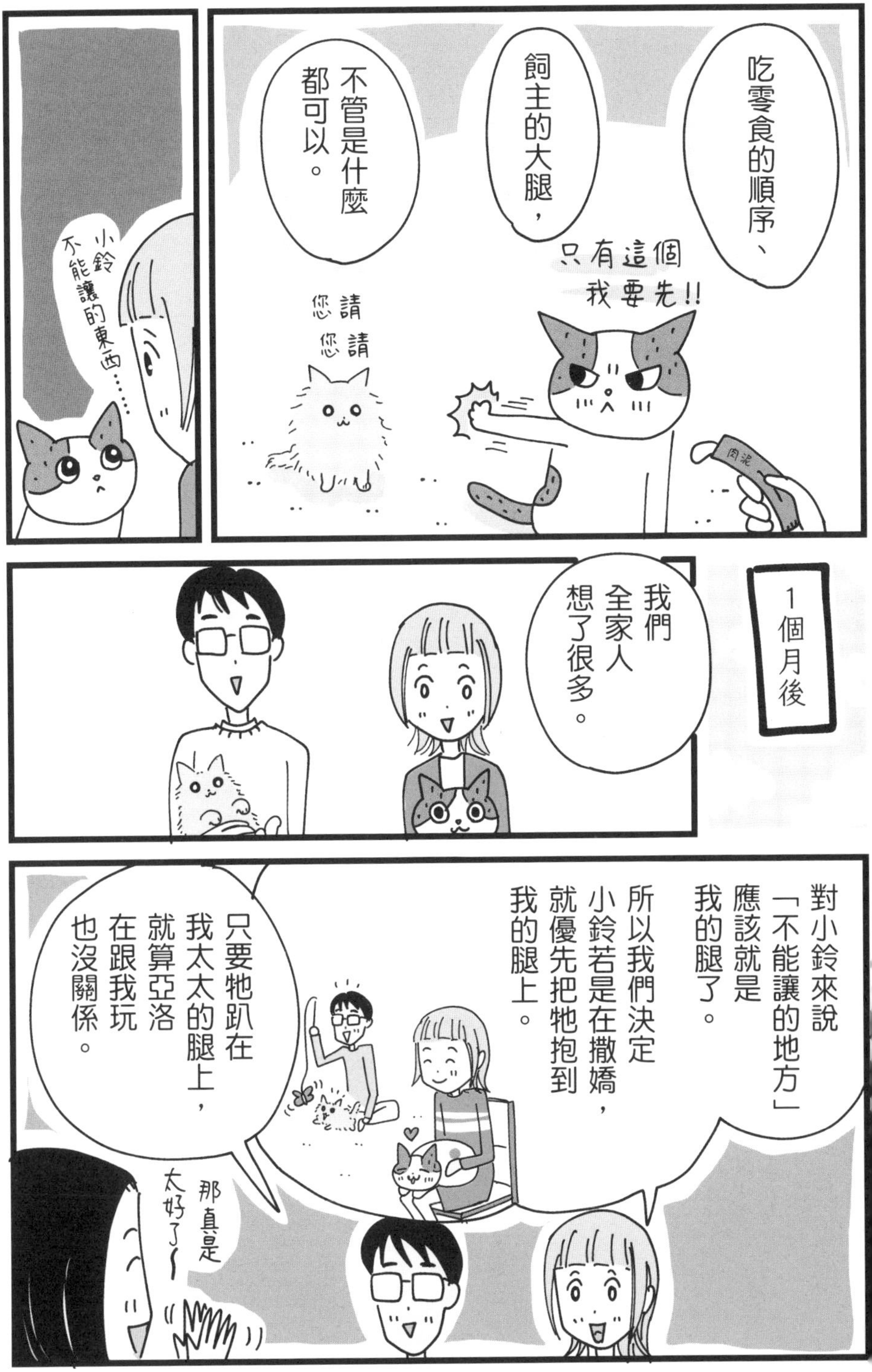
吃零食的順序、
飼主的大腿，
不管是什麼都可以。
只有這個我要先!!
肉泥
請您 請您
小鈴不能讓的東西……
1個月後
我們全家人想了很多。
對小鈴來說「不能讓的地方」應該就是我的腿了。
所以我們決定小鈴若是在撒嬌，就優先把牠抱到我的腿上。
只要牠趴在我太太的腿上，就算亞洛在跟我玩也沒關係。
那真是太好了～

多貓家庭融洽與否，取決於原住貓的個性

案例14

就算飼主嚮往，也是有不適合多貓飼養的貓

應該有飼主會對貓咪們相擁入眠、互舔貓毛的模樣，有種莫名的嚮往呢？許多人就是因為怕貓咪獨自在家太寂寞，才會想要多養隻貓給牠作伴。

但再養一隻貓的決定若是太過草率，有時反而會讓貓咪以及飼主陷入不幸之中。貓原本是種在獨居生活的同時，一邊守護地盤的生物。雖然有社會性，但生活上並沒有和狗一樣的群聚習性。

是否能擁有一個幸福美滿的多貓家庭，通常取決於原住貓的性格。原住貓如果是個好奇寶寶，生性活潑又開朗，對於新鮮的人事物都會主動靠近的話，那麼能順利接受貓弟弟或是貓妹妹的可能性就會比較高。

相反地，原住貓個性若是膽小怕生或神經兮兮，恐怕會難以接受其他貓咪。要是害怕到某個程度，就有可能會躲到千呼萬喚都不出來，甚至攻擊新來家裡的貓。

另外，原住貓對於飼主的占有欲若是非常強烈，多養一隻貓恐怕會容易引發問題。帶回家的如果是幼貓，勢必要花更多時間照顧。但要是原住貓本來就對飼主相當依賴，這樣的狀況有時反而會為原住貓帶來壓力。

最容易被飼主忽略的，是性格溫和的貓咪。漫畫中的貓就是屬於這種類型。因對新來的貓咪成員沒有敵意，飼主見狀才會如此放心。可是規律的生活一旦遭到破壞，甚至被捲入幼貓的生活之中，就會讓原住貓飽受壓力。因此飼主一定要多加留意原住貓有沒有不對勁喔。

原住貓的個性

適合多貓飼養

- ☑ 會主動接觸新事物
- ☑ 就算有訪客也不為所動，沉著應對
- ☑ 活潑愛玩
- ☑ 大剌剌地不膽怯
- ☑ 曾與兄弟姊妹一起生活過

不適合多貓飼養

- ☑ 神經質且膽小
- ☑ 不易適應新事物
- ☑ 家有訪客就會不見蹤影
- ☑ 個性倔強
- ☑ 非常黏飼主
- ☑ 喜歡獨處

Next

貓咪間打照面的理想方法

讓原住貓認識新貓咪時，依照左側步驟慢慢進行會比較理想。進行到步驟❹之後的原住貓若是開始不吃不喝，那就回到前一個步驟再來一次。等到原住貓開始吃飯，並在腦子裡留下「好吃」的回憶之後再繼續進入下一個階段。

貓咪間見面的步驟

1. 另外準備一個房間給第2隻貓，讓牠在貓籠裡生活一段時間，不要與原住貓同房
2. 房門打開，但第2隻貓繼續待在貓籠裡
3. 等待原住貓咪主動去靠近第2隻貓生活的房間
4. 確認原住貓是否能在可以看見第2隻貓（房門口或走廊）的地方吃飯
5. 確認原住貓是否能與第2隻貓同處一室，但在有段距離的地方吃飯
6. 將原住貓的飯碗慢慢拉近第2隻貓的貓籠，確認牠願不願意在那裡吃飯
7. 確認原住貓是否願意在第2隻貓的貓籠旁邊吃飯
8. 最後再讓第2隻貓走出貓籠，與原住貓面對面

原住貓個性再怎麼和善 也不可貿然與新貓咪見面

就算原住貓個性溫和，也要盡量避免讓牠馬上與第2隻貓見面。飼主剛開始要先把第2隻貓帶到其他房間去，讓原住貓察覺到家中「有其他貓咪在」。只要原住貓走到門前時感到好奇，那就讓第2隻貓在貓籠裡讓兩貓相見。隔著貓籠若沒問題，就可以讓第2隻貓走出來與原住貓親近。不過第一次讓第2隻貓從貓籠走出來與原住貓見面時，飼主一定要在旁邊觀察。若是看到原住貓不開心，就要趕緊把第2隻貓帶回貓籠裡。

多準備幾個貓砂盆及貓床，確保原住貓有個藏身之處等對策也很重要。幼貓的活力十分充沛，不管原住貓個性有多溫和，長久陪玩下來也是會累的，所以一定要為牠們保留一個可以獨自休息的地方。

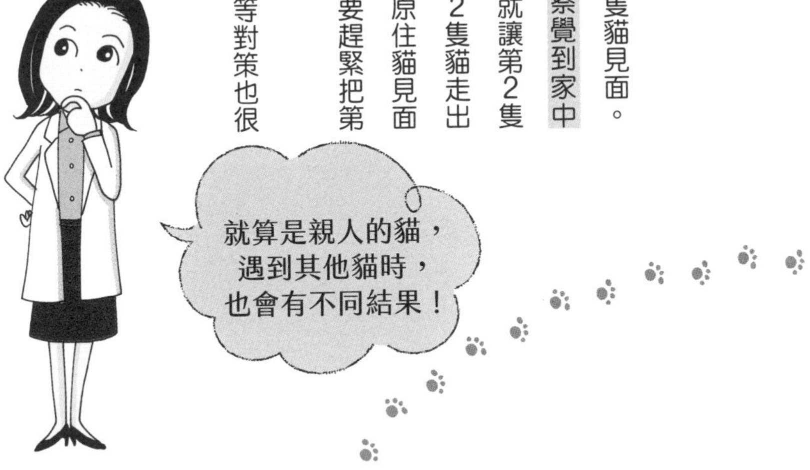
就算是親人的貓，
遇到其他貓時，
也會有不同結果！

案例 15

多貓飼養的困擾②

\困擾的行為/

行為
原住貓一直追著新來貓咪跑
發生時期
新貓咪來了之後

原住貓咪似乎在欺負新來貓咪的樣子

貓哥哥西奧又在追著新貓咪提基跑了。
噠噠噠噠噠
咿—
讓開
貓床
插隊
吃飯
這是在霸凌……？

DATA

米克斯
男生 ・4歲
（已結紮）

●同住家人　本人（43）、丈夫（43）、長男（8）、長女（5）
●同住動物　貓（米克斯・男生・10個月；米克斯・女生・5歲）
●原有疾病　無特別疾病
●看家時間　平日約4小時，假日不一定

貓弟弟提基是否曾經出現過以下的情況嗎？
☑ 不吃飼料
☑ 會剩下飼料
☑ 嘔吐、腹瀉
☑ 在貓砂盆之外的地方排泄
☑ 活動量變少
☑ 有明顯的掉毛
☑ 一直舔舐身體
☑ 躲著不出來
等等
嗯～～？
睡得好
打呼⋯
胃口好
好吃
THE活力四射幼貓
大得多
嗯
很會跑
很愛玩
咚咚咚咚
咦？⋯
提基還是相當有活力。
這麼一說⋯⋯
那樣的話，牠被霸凌的可能性就不高了。
西奧會追著牠跑應該是另有其因。

飼主要仔細地觀察貓咪間相處的情況喔。
好
基於這個理由，暗中觀察著貓咪們的情況。
哼哼哼
!?
咚—
咚咚咚咚咚咚
提基呀～難怪人家會生你氣。

在西奧的貓床睡覺
提基的所作所為漸漸明朗
這，這些是……
盯
圖謀瑪娜的飯飯
天真無邪
喵哈—
提基牠並非正在被霸凌，而是表現得太白目，才會被西奧凶！
所以對西奧來說，牠是在教新來乍到的提基貓咪社會中的基本禮貌。
大概是這樣的感覺。
幼貓很容易暴走的

為了不要讓
原住貓
感到壓力。
我們不如，
先幫牠們
整頓一下環境。
安心的貓床
乾淨的貓砂盆
好狡猾～
感情好的西奧&瑪娜
喵
悠閒地
安穩放心地進食
還要注意一旦
小提基性成熟了，
公貓之間就會
非常容易發生爭執，
所以最好要結紮喔！
成長！
好大隻……
不要受到先入為主
的觀念影響，
一定要好好觀察
貓咪們之間的
相處情況喔！
好！

案例 15

是在教導新貓咪社交禮儀，而並非是在「欺負霸凌」

若沒有出現生理方面的障礙，那應該就不是「霸凌」

許多飼主應該都十分嚮往擁有一個多貓家庭。但是如果原住貓與新來的貓弟弟或貓妹妹相處得水火不容，引發的問題恐怕反而會讓飼主更頭疼。

飼主往往會把心思放在家裡新來的貓咪身上。尤其是當家裡已經有好幾隻原住貓，彼此間的關係也相當穩固的話，新貓咪是否能順利加入貓群之中呢？會不會被原住貓欺負呢？這些問題往往會令飼主擔心不已。

我們首先要知道，在貓咪世界對於「霸凌」的定義是什麼。家裡的貓咪一多，就會常見個性強勢的貓咪把其他貓咪的飯或零食吃光，甚至在後面追趕對方。這樣的光景看在飼主眼裡，往往會忍不住擔心是不是在「霸凌」。但就動物行為學來講，光這樣並不是霸凌。在貓咪的世界裡相互讓步是很普遍的事，這麼做是為了避免爭執。雖然我們常說貓是種「我行我素」的生物，但除非是不能讓步的東西，否則

牠們在習性上通常都會互相禮讓。有些貓甚至認為與其發生爭吵，不如乾脆一點，把零食或飯讓給對方。在你追我跑的情況之下，追逐的貓與被追的貓若是會反過來追趕對方，那麼這應該就是一場遊戲而不需太過擔心。

但是被追的那隻貓若是出現食慾不振、不當排泄情況變嚴重、毛髮嚴重掉落等生理障礙的話，在動物行為學中就可算是「霸凌」。情況要是演變到這地步，那就要先劃分貓咪們的生活空間，盡量確保大家的安全，這樣才能保護貓咪不受霸凌。

反過來說，就算乍看之下像是在欺負新貓咪，但有時其實是原住貓在教導這個新來的貓咪社交的禮儀。在這種情況之下若是責備原住貓，反而會打壞牠與飼主之間的關係，所以一定要先仔細觀察貓咪之間的關係。與新貓咪相比，地盤出現變化的原住貓通常會比較有壓力，因此我們要先守住原住貓的生活空間並且加強互動溝通，這才是擁有幸福多貓家庭的成功關鍵。

\困擾的行為/

行為
幼貓老是纏著原住貓不放
發生時期
從接回家時開始

案例 16

小貓會故意去招惹原住的貓咪

我們撿到了一隻小貓。
原本全身瘦巴巴的，
在照顧之下牠終於恢復健康。
加油—
是一個會在家中活蹦亂跳的元氣小子。
咚
咚咚咚咚咚
哇—
而家中常會被這個精力過度旺盛的貓弟弟小寅所撲倒的，
噠
噠噠噠

DATA

米克斯
男生・11個月
（未結紮）

●同住家人　本人（40）、父親（67）、母親（63）、長女（5）
●同住動物　貓咪（米克斯・女生・8歲）
●原有疾病　撿到時有驅跳蚤
●看家時間　平日約6小時

就是8歲的原住貓，小櫻。
啥!?
咚——
我轉
我轉
我轉
我打
我打
累癱
鼾——
沒有生氣嗎～？
提心吊膽
貓弟弟就像是這樣，無時無刻都總是黏在貓姊姊的身邊。

小櫻也會幫忙照顧小寅。
我舔—
我舔—
我舔—
牠應該是沒有那麼討厭小寅。
但還是擔心小櫻會不會有壓力！
請醫師告訴我!!
來了
來了
貓姊姊小櫻會對貓弟弟小寅發出威嚇或攻擊嗎？
不會耶。
那會想躲避小寅嗎？
目前為止都沒有。
那麼我想小櫻對貓弟弟小寅應該沒有那麼討厭才是。
這是真的嗎？

包含貓的所有動物，一感到恐懼或厭惡，牠們就會採取「3個F」姿勢。
3個F
〈攻擊〉
Fight
〈逃走〉
Flight
〈僵硬〉
Freeze
3個F…
貓因為是和平主義者，所以牠們首先應該會逃之夭夭。
噠
如果她沒有逃離小寅身旁，就代表牠不是令小櫻感到恐懼或厭惡的對象。
這麼說也是。太好了！
但是，這也有可能是因為對方還小才這麼做的。

貓和人一樣，都會對比較小的孩子，特別寬容。
算了，牠還小……
但是要是小寅長大之後，還是和現在一樣纏著她的話，小櫻說不定會有壓力。
姊姊
姊姊
有、有可能喔。
當小櫻的年紀越是步入高齡的話，就越是有可能會有這樣的想法。
老姊
老姊
壓力好大
……

當然也不用排除
會繼續這樣
進展順利的
可能性。
但還是要
好好地觀察
貓咪相處的
情況喔。
還好嗎～？
2樓
要是2隻貓
的個性無論如何
都處不來的話，
將生活空間
劃分開來
也是一個方法。
1樓
原來還可以
這麼做呀！
喔—

案例16

看到小貓不會閃躲就沒問題！

但要小心小貓長大後，貓咪的關係會生變

將撿到的小貓帶回家照護之後，竟然對原住貓相當親暱，而且還跟前跟後、形影不離……經常耳聞到如此的美談吧。其實小貓的適應能力非常強，有時會把同住的成貓或是其他動物當作親人般依戀。睡在同張床上、吵著要一起玩，相信很多飼主就是被小貓這些特有的撒嬌舉動療癒身心。

原住貓如果是母貓，對於有需要被照看的幼貓，牠們通常都會願意幫忙照顧新貓咪。貓雖然是單獨行動的生物，卻也具有高度的社會性，特別是母貓會與相同時期產下小貓的其他母貓互相照顧彼此的幼貓。基於這種習性，就算照顧的不是自己的孩子，母貓卻不會感到不自然。

貓咪的情感非常直接，只要覺得討厭，就會立刻逃走，更不會主動靠近自己討厭的東西。原住貓如果沒有躲開小貓，甚至主動靠近的話，就代表接觸這隻新貓咪並不會對牠們造成壓力。

話雖如此，小貓長大之後與原住貓的關係可能會產生變化，所以飼主要注意。新貓咪在小時候難免會做些沒大沒小的事，但是原住貓說不定會覺得對方「還小」，所以就大人有大量，睜一隻眼閉一隻眼。但是長大之後如果舉動還是跟幼貓時期一樣調皮搗蛋的話，就有可能會造成原住貓的壓力。特別是原住貓如果步入高齡，就有可能會跟不上年輕貓咪的無窮活力。

尤其對高齡貓來說，悠閒的生活環境非常重要。有時老幼世代的貓確實可以和睦相處，但是幼貓長大之後飼主還是要仔細觀察貓咪們之間的關係。

另外，家中的貓咪們如果是親子或兄弟姐妹，關係通常會比較融洽。也有人說不同性別會比較好，年紀也不要相差太大，這樣比較容易打成一片。但不管是公貓母貓，或者全都是公貓，只要事先結紮，就不會為了搶地盤而大吵一番。

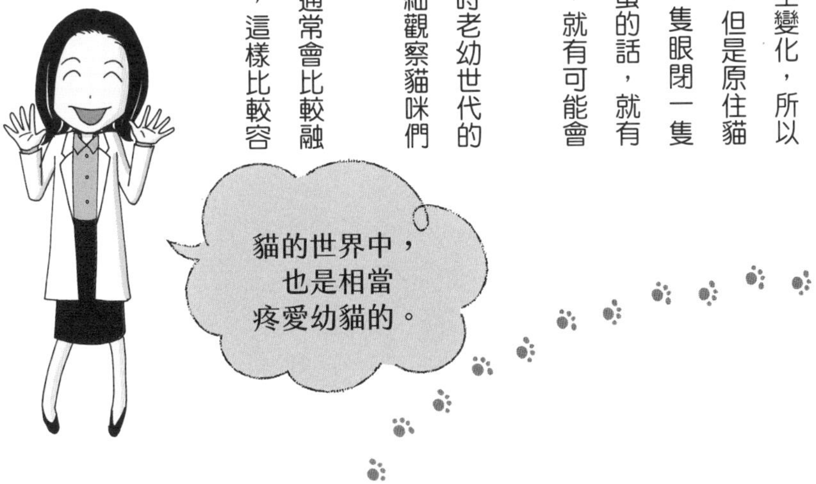

貓咪專欄 4

貓咪能跟狗狗、鳥類或其他小動物和睦相處嗎？

飼主要小心安排，別讓彼此的存在成為壓力

除了飼養眾多貓口，有些飼主還會在家中同時飼養其他動物。但是有個大前提，那就是飼主要了解到每種動物都有各自的習性。

最常與貓一起生活的動物，應該非狗莫屬了。已有貓咪的家庭再養狗的時候，如果迎來的是小狗，牠通常都會興高采烈地接近貓咪。但是這股熱情若是讓貓咪感到煩躁，有時反而會被賞貓拳，因此飼主要多加留意。貓咪明明想保持距離，但若是勉強牠硬要去接近狗狗，這樣的魯莽行為可能會讓貓咪有壓力。貓咪若是想逃開小狗身邊，那就讓牠去，若能貼心準備一個可以逃脫或躲藏的地方那更好。但是先有狗再養貓的家庭如果養的是幼貓，通常會親暱地與狗打成一片。只是狗與貓不同，無法逃到高處，所以家裡的狗若是感到不悅，那麼飼主就要好好居中調解。

有一些貓會與小鳥、兔子、倉鼠之類的小動物同住，不過基本的生活空間要盡量分開。畢竟貓對小鳥和小動物來說是捕食者，同處一室有時反而會造成牠們的壓力，就連貓說不定也會萌生「捕獵」小鳥和小動物的念頭而感到煩躁。在讓牠們面對面時為了安全起見，中間最好隔個籠子比較保險。就算大家相處看似融洽，萬一哪天貓咪的狩獵本能出了差錯突然覺醒，釀成悲劇也是不無可能。為了以防萬一，雙方最好還是不要放養在同一個空間裡。

第6章

其他問題的困擾

調皮搗蛋、半夜的運動會、痛恨外出籠、
不想玩耍……等貓咪的各種行為，
讓飼主快傷透腦筋。

案例 17

\困擾的行為/

行為

討厭外出籠，不願意進去

發生時期

從小貓就如此

貓咪超級討厭外出籠，都不願意進去

今天我家皮諾要去診所。
悄悄地把貓咪外出籠拿出來……。
悄悄地
我就知道會這樣……。
啊，找到了！
我擠

DATA

米克斯
女生・11歲
（已結紮）

- ●同住家人　本人（44）、丈夫（42）、長男（14）
- ●同住動物　狗（貴賓犬・女生・5歲）
- ●原有疾病　5歲曾患有尿結石，而改餵處方飼料
- ●看家時間　平日6小時，假日不一定

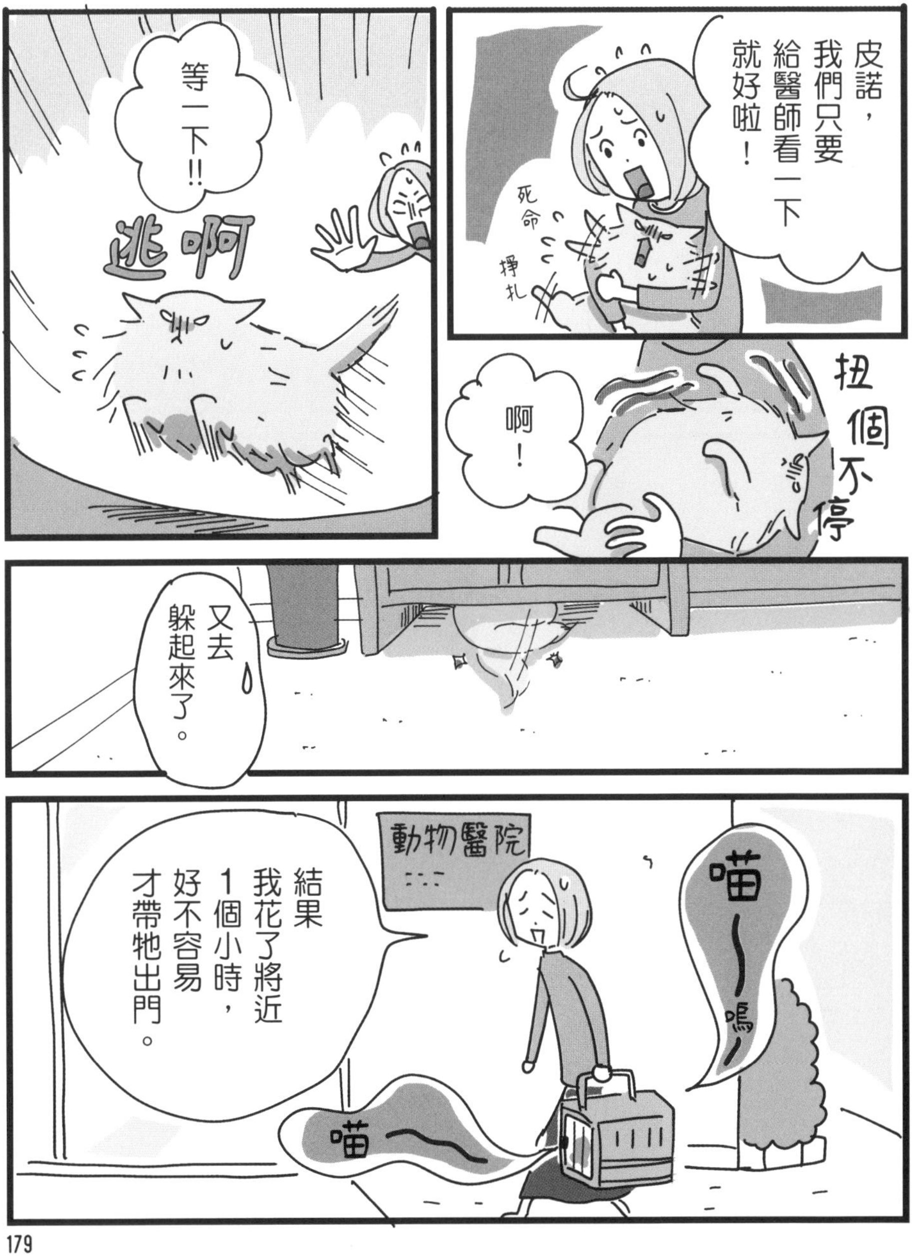

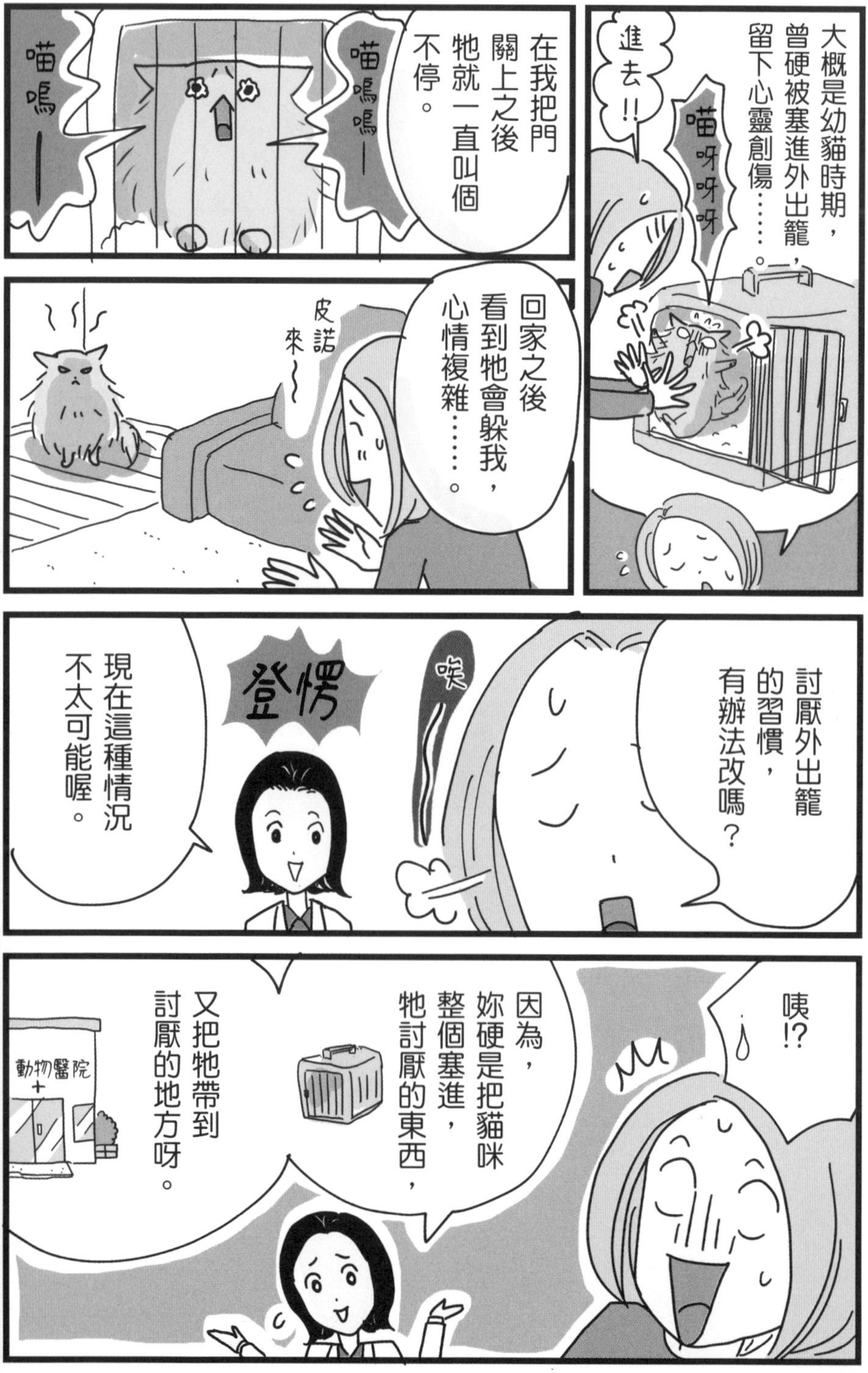
大概是幼貓時期，曾硬被塞進外出籠，留下心靈創傷……。
進去!!
喵呀呀呀
在我把門關上之後牠就一直叫個不停。
喵嗚嗚—
喵嗚—
回家之後看到牠會躲我，心情複雜……。
皮諾來～
討厭外出籠的習慣，有辦法改嗎？
唉
登愣
現在這種情況不太可能喔。
咦!?
因為，妳硬是把貓咪整個塞進，牠討厭的東西，
又把牠帶到討厭的地方呀。
動物醫院

根本就沒有會讓牠喜歡的要素吧。
完全沒有呢
對啦……。
不過皮諾已經11歲了，想必看醫生的機會應該也會增加。
叫我嗎？
再這樣下去，我覺得快要不行了～
嗚嗚……
所以我們更是要趁現在多練習呀！
家中的小狗，之前你們都是怎麼訓練的呢？
叫我嗎？
小狗的外出籠訓練
1 利用零食誘引進籠
2 讓牠在外出籠裡吃零食
3 慢慢練習關上門
4 進外出籠後，出門帶去好玩的地方
＊當牠開始對外出籠有好印象之後，上醫院時就可以派上用場了。
我們就只有進行一般的訓練而已耶。
愛犬曲奇超級親人

這樣不錯喔！狗狗的外出籠訓練做得很好。
讓貓咪習慣外出籠的訓練，如法炮製就可以了喔。
喔～～
貓咪好不容易忘掉外出籠後，要是又看到它，嫌惡感就會越來越強烈。
要去醫院囉～
那時候的那傢伙!!
所以平時就要把外出籠放在皮諾生活的空間之中。
坦蕩蕩
或者是在外出籠裡鋪著皮諾平常就喜歡的毯子，
飼主可以噴些會讓貓咪放鬆心情的噴劑等等，也是個方法。
Cat

颯颯 颯颯
皮諾牠啊，一開始絕對不會去靠近外出籠。
然後 飼主要再準備一些皮諾牠一定會想要吃的零食。
肉泥
肉泥
接著再用零食，找出皮諾肯吃零食的距離。
吃點心喔ー
扭扭
捏捏
要是不吃，那就再稍微拉開距離後再試看看。
一定要以吃零食來結束訓練，這點很重要。
就算有那個我也敢過去享用點心喔。♪

一點點地拉近皮諾與外出籠的距離，不要操之過急。
終點
要讓貓咪能夠在外出籠裡吃零食，
這才是最終的目標。
其實，這樣的訓練最好能從幼貓的時期就開始。
當災害發生要逃難時，很可能要將寵物放入外出籠。
所以事先進行此練習絕對沒有壞處！
3個月後
妳家皮諾練習的怎麼樣了呢？
醫師！

現在，牠就算待在外出籠的旁邊，也敢吃零食了喔。
有時候我會把牠的零食藏在外出籠裡。
喔喔
牠昨天第一次自己跑去外出籠旁邊偷看裡面呢。
這樣進行得滿順利喔。就這樣繼續下去，不要急。
好
夢幻般的場景
打呼
希望再過不久，我們就可以看到這樣的夢幻場景！
我會加油的!!

案例
17

就算是貓咪也可以進行進外出籠的訓練

對動物醫院的不好回憶，往往會與外出籠做連結

不少飼主應該都會想：貓咪那麼隨性，根本就無法訓練，也沒有必要特地訓練。

沒錯，貓確實不需要記住「坐下」之類的指令，也沒有必要學習散步禮儀。但是進入外出籠或外出包這件事一定要好好訓練，因為除了生病或受傷要帶去動物醫院之外，飼主有時也會遇到必需要把貓咪送到寵物旅館的狀況。另外，發生災害時若需要與寵物一起疏散逃難，就要遵守一個鐵則，那就是將其安置在外出籠或外出包裡。切記，若要應對這些緊急狀況，平時就要讓貓咪熟悉外出籠。

但是許多飼主打從一開始就認定「貓咪無法訓練」，完全不會想要去積極訓練貓咪。但就動物行為學而言，只要方法正確，就算是貓照樣可以接受完整的訓練，乖乖地進入外出籠或外出包。

飼主最常會犯的錯誤，就是非要到準備帶貓去動物醫院結紮時，才想到要準備外出籠把貓咪放進去。但是過得自由自在的貓，要是突

然被關進狹小的籠子裡，當然會在心中留下創傷，因為是要把牠帶到可怕的地方（動物醫院）對牠做可怕的事（手術）。加上術後回家時還要帶著礙事的伊麗莎白圈，不愉快的回憶自然會與外出籠做連結，也難怪會留下如此深刻的創傷。再加上飼主之後還是會硬把牠們塞進外出籠裡，情況就會更加糟糕。

有許多飼主會覺得，既然貓咪這麼討厭外出籠，那就把它收起來，要去動物醫院的時候才拿出來吧！但坦白說，這麼做反而會讓貓咪更加討厭外出籠，只要一察覺到似乎要拿外出籠了，就會立刻上演躲貓貓。

為了避免這種情況發生，從將貓養在家中的那時開始，最好就要訓練牠們熟悉外出籠或外出包。除了貓床與貓砂盆，外出籠與外出包也要一開始就放在貓經常活動的房間裡，而且不要關上籠子門，維持貓咪隨時可以進去裡面的狀態。

Next

適合幼貓的外出籠訓練

1. 將外出籠放在貓咪生活的空間裡
   - 不要關上籠子門
   - 在裡面鋪條毛毯，或者放些貓咪喜歡的玩具
2. 在外出籠前面餵零食
3. 把零食放在外出籠裡讓貓吃。
   放的位置盡量裡面一點
4. 玩的時候把玩具丟到外出籠裡，
   或在外出籠裡甩動逗貓棒
5. 貓咪主動進外出籠時，
   關上籠門並立刻打開。貓若繼續待在裡面，
   就餵牠們吃零食
6. 慢慢拉長關籠時間。
   只要門打開，就一定要給零食。
   貓若因為反感而拒絕吃零食，
   那就縮短關門時間，再練習一次

只要貓對外出籠曾留下不好的經驗，就要從在籠子旁邊吃零食開始訓練

外出籠在貓咪心中若已留下了不好的經驗，那麼飼主不妨從餵牠們吃零食開始，在擺有外出籠的房間先在離籠子較遠的地方餵食，之後再慢慢縮短距離。貓咪若是不肯吃，那就再拉遠一點，盡量找到一個牠們肯吃的距離。只要貓咪願意吃完，應該就會以「即使旁邊有可怕的東西（外出籠），我也吃得下零食」的舒適心情劃下句點。而把貓咪喜歡的玩具或零食藏在外出籠讓牠們去找也不失為一個好方法，這樣貓咪就會覺得外出籠是一個「待在裡面會很有趣的地方」。

關籠練習要等到貓咪主動進外出籠之後再進行。吃零食的時候要悄悄地、靜靜地關上籠子。之後再立刻開門、餵牠吃零食，並慢慢拉長關籠的時間，直到貓咪就算被關在外出籠裡，也不會感到排斥的狀態為止。

＼困擾的行為／

行為
用前腳把架上或桌上的東西推下來
發生時期
約從2歲開始

案例 18

會不斷把放置在架子或桌上的物品推落

DATA

米克斯
男生 ・4歲
（已結紮）

- 同住家人　本人（41）、父親（70）、母親（68）、丈夫（42）、長男（18）
- 同住動物　無　　●原有疾病　無
- 看家時間　平日5小時，假日不一定

喂——。
噠
小夏這麼調皮搗蛋，
唉～～
到底要怎麼處理呀～？
貓咪小夏愛調皮搗蛋的行為背後應該有2個原因。
哇，醫師!!
2個？
大概是這樣的原因。
❶ 飼主的反應很有趣。覺得飼主的怒吼聲是一種溝通
❷ 由好奇心和興趣衍生出來的一種遊戲。只是單純享受把東西推落的樂趣
喂——

❷的話就只是把東西推下來，也好玩嗎？
這就和嬰兒喜歡玩丟東西遊戲一樣啊。
因為非常好奇會因為自己做出的行為，發生什麼事。
哈哈—♪
這情形被稱作「操作欲求」。
也就是在穩定的生活環境下產生的慾望。
只要這樣做就會掉了♪
滾動
所以首先要分辨原因是（p.191的）❶還是❷
牠若調皮搗蛋，也不要做出任何反應。
好
喀嗒
盯—
……
冷靜地收拾

喀嗒
收拾東西
……
喀嗒
每天每天都默默地……
收拾東西
收拾東西
啪嚓——
滾動
但是小夏調皮搗蛋的情況完全沒有改善……。
看來牠調皮搗蛋的原因不是❶。
如果飼主的處理得當，問題行為就會減少。
都沒有反應有夠無聊的，不玩了喵——!!
照理說應該變這樣
但若背後原因不是❶，那麼應該就是❷了。
原來如此……
?

有辦法可以解決嗎？
果斷
很抱歉，這件事有點難度。
咦!?
因為牠們單純把這當成一種遊戲，只覺得好玩。
因此要阻止牠們，有點困難。
采烈
興高
真好玩……
喀嗒
喀嗒
明明在玩卻被飼主罵了，心中也會萌生不信任感。
惱羞成怒!?
嗚～～
最好的處理方式，就是不要發生。
也就是說，東西要整理乾淨！
空無一物
咦？
咦咦咦～～？

那要如何不讓牠跳到高處呢？
家裡東西很多……
No No
站在高的地方往下觀察環境，是貓的習性，不建議阻止牠們這麼做喔。
不過不可以因為家中東西太多就放棄！要靠全家人的努力，加油吧！
堅決地
之後
無法減少東西，所以我們先試著收到箱子裡。
乾乾淨淨
總之，跨出第一步。
在那之後，我們試著摸索找出小夏會喜歡的玩耍方式。
不錯喔！幫牠找到新的玩耍方式也很重要。

案例 18

會推落東西不是為了試探，就是覺得推東西很有趣

飼主的叫聲與反應也會讓推東西這件事更有趣

貓在控制前腳方面相當熟練，會瞄準桌子和架上的物品並推落。

就動物行為學的角度來看，貓咪推落物品的原因主要有2個。一個是「飼主的反應很有趣、想要試探飼主」，另一個是「單純覺得把東西推下去很好玩」。

如果是第1個原因，就代表飼主大喊「不可以！」、「你還推！」的怒吼聲，已經成為貓咪生活的樂趣了。不過，推落東西的原因也有可能是為了試探飼主，因為牠們知道只要聽到東西掉下去的聲音，飼主就會立刻放下手邊的事衝過來自己的身邊。若想阻止貓咪這麼做，最有效的方法就是不管東西掉了多少，都要若無其事地默默收拾殘局。就算聽到聲音也不要立刻去查看，隔段時間再去處理也不失為一個好方法。

第2個「單純覺得把東西推下去很好玩」，是好奇心非常旺盛的貓咪常有的狀況。因為自己造成東西掉下去的結果，這整個過程本身

就是一種享受遊戲的方式。但也有可能是因為東西掉落之後，滾動的樣子或發出的聲音都很好玩。這樣的行為就稱為「操作欲求」。這是食物與居住環境等與生命有關的欲求得到滿足之後所誕生的慾望，證明貓咪對於現在的環境相當滿意。對貓來說，這是一個相當有趣的遊戲，想要制止恐怕不容易。

話雖如此，貓咪的推東西遊戲若是已造成飼主困擾的話，那就要好好想個對策了。最有效的方法是把東西統統都收拾起來，或者好好固定住不讓東西一推就掉。只要沒有東西可以推，貓咪也會乾脆放棄；或是飼主若是轉念，覺得東西掉下去其實也沒什麼大不了的話，那妥協也是個方法，就根據自家情況妥善處理吧。

另外，飼主要是把東西放在貓咪喜歡睡覺的地方或通道的話，牠們也會把這些「障礙物」清掉。所以在貓咪經常午睡的地方，千萬不要隨便亂放小東西喔。

案例 19

困擾的行為

行為
約凌晨4點時，會獨自在房裡暴衝

發生時期
約從1歲到現在

一到凌晨貓咪就會在房間裡興奮暴衝

DATA

美國短毛貓
男生．4歲
（未結紮）

- 同住家人　本人（30）、妻子（27）
- 同住動物　倉鼠
- 原有疾病　無
- 看家時間　平日8小時，假日不一定

飼主最容易做到的，應該就是睡前陪貓咪玩，盡量消耗牠們的體力，精神上也要讓牠們得到滿足。
利用貓塔構造可以讓牠們做到上下的運動也是個不錯的方法！
重點在於在貓咪玩膩之前停手。
已經膩了
啊～嗯 還要玩～
結束了
每次最長以1次10分鐘為限。
貓的遊戲是「只要結局完美，那就一切都好」。
超開心的～♫

如果是一早為了討飯吃，而一直叫的話，
飯飯——
咕嚕～
那麼就在睡覺之前，先餵貓吃一餐也可以。
所以這就有賴於飼主好好調整貓咪的日常生活模式吧。
原來如此——
3個月後
塔克後來怎麼樣呢？
我們家的日常生活
・傍晚妻子陪塔克玩
・吃完晚餐後休息
・睡前換丈夫陪塔克玩
・塔克熟睡
現在我們家中的日常生活規律之後，塔克的個性也穩定許多。
對我來說也算是不錯的運動。
認真陪玩還挺累的
哈哈……

案例19

睡前靠遊戲消耗體力，防止深夜運動會

遊戲要在貓玩膩前結束，讓貓咪懷抱餘韻入眠

貓屬於「曙暮性」動物，凡是與吃飯及繁殖有關的主要活動通常都會在清晨和黃昏進行。除了貓以外，還有狗、兔子與老鼠也都是曙暮性動物。因此貓在清晨或傍晚時分，會精神飽滿地四處奔跑的行為是正常的習性。活躍時段因貓而異，有些貓甚至要到凌晨2點才會開始舉行運動會，因為這個時間對那隻貓來說，或許是活動筋骨的最佳時段。

雖說是習性，但要是貓咪每天一大早都舉行如此盛大的運動會，就怕飼主的心理負擔會越來越沉重。貓咪光自己運動就算了，有些貓還會想邀飼主一起玩，所以會大聲吵著、在飼主胸口狂蹬著要人起床陪玩。

最有效的對策，就是睡前安排個遊戲時間，讓貓咪累到一覺到天亮。安排在傍晚玩的話，有些貓只要稍微睡一下，到了半夜就有可能活力充沛，再度轉醒。因此會建議各位飼主在陪貓咪玩的時候，可以

把玩具丟到貓塔上方讓牠們叼回來，或者不停地丟球給牠們撿，增加貓咪的運動量以消耗體力。

誠如漫畫中所言，最重要的是要在貓咪厭倦之前結束遊戲。要是讓貓咪玩到膩才結束的話，就會在牠們的腦子裡留下「玩膩了＝遊戲無趣」的印象，下次若是再找牠們玩，恐怕會愛理不理。**陪貓咪玩的重點，在於時間最長不能超過10分鐘，讓貓咪的心情停留在「要結束了」、「還想再玩」這個點上。**因此飼主要好好想一下，在如此短暫的時間內拿出牠們最愛的玩具時，要怎麼做才能讓貓咪玩到情緒高昂。只要每天遊戲的時間固定，牠們就會認定「這個時間是玩耍時段」，並將其納入日常生活之中。

貓咪通常會在清晨為了討飯吃而喵喵叫。遇到這個情況也是一樣，最有效的方法就是讓貓咪睡前飽餐一頓。晚餐少吃一點，剩下的睡前再吃也可以。此外，飼主也可以考慮用自動餵食器（p.62），固定在睡前及清晨各餵一次飯也不錯。

案例
20

其他問題的困擾④

\困擾的行為/

行為
完全不想玩。對玩具也是興趣缺缺
發生時期
約從1歲開始

想讓貓咪減肥，但牠卻不玩也不動

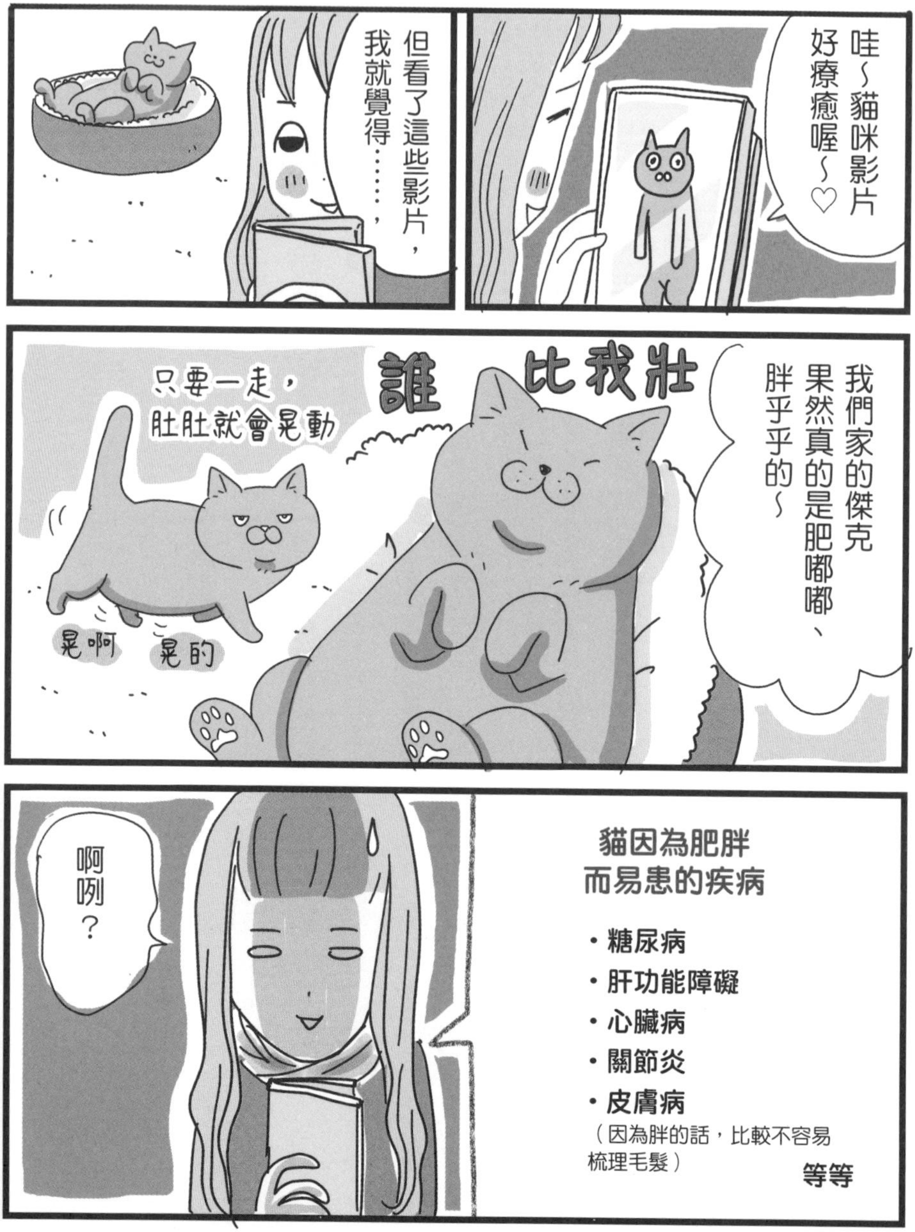
哇～貓咪影片好療癒喔～♡
但看了這些影片，我就覺得……，
我們家的傑克果然真的是肥嘟嘟、胖乎乎的～
誰 比我壯
只要一走，肚肚就會晃動
晃啊
晃的
啊咧？
貓因為肥胖而易患的疾病
・糖尿病
・肝功能障礙
・心臟病
・關節炎
・皮膚病
（因為胖的話，比較不容易梳理毛髮）
等等

DATA

英國短毛貓
男生 ・3 歲
（已結紮）

- 同住家人　本人（26）、父親（58）、弟弟（21）
- 同住動物　黃金鼠
- 原有疾病　無特殊疾病（稍胖）
- 看家時間　平均6小時

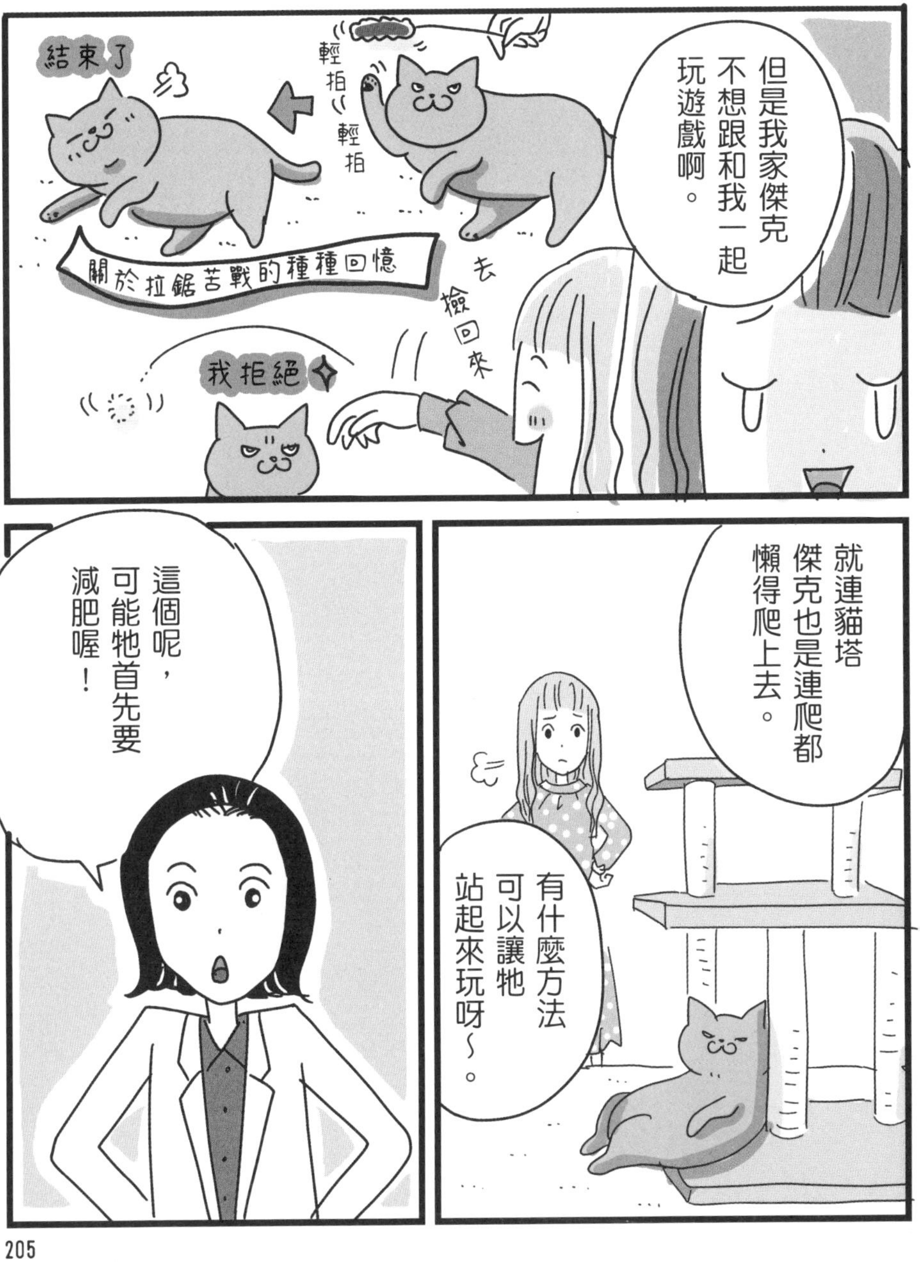
但是我家傑克不想跟和我一起玩遊戲啊。
去撿回來
我拒絕
輕拍 輕拍
結束了
關於拉鋸苦戰的種種回憶
就連貓塔傑克也是連爬都懶得爬上去。
有什麼方法可以讓牠站起來玩呀～。
這個呢，可能牠首先要減肥喔！

牠是因為身體太笨重才會不動。
而且肥胖的貓往往天不怕地不怕的，要是牠還再加上重如泰山的話，貓咪的活動量恐怕會越來越少。
打擊——
咦——
是惡性循環喔
最好聽從獸醫指導，幫助傑克展開減肥計畫。
低卡減肥貓飼料
也可以在餵飯的時候，把貓飼料放在益智玩具裡。
只要體重多少有所減輕，運動量就可以增加。
可是傑克牠完全不想玩耍呀！
稍微瘦一點
那是因為玩耍的方法實在不怎麼樣。
啊？

因為飼主揮動玩具的位置，距離貓咪太近了啦。
摸到了喔
距離太近的話貓咪當然只會躺著玩。
如果增加運動量，玩具的位置就要拉到貓咪非得站起來才能碰到的位置。
或者將玩具拉到距離比較遠、想玩就要走過去的地方！
要動的不是你而是貓。
「上下不行，那就改為水平運動」的作戰方式。

每次的時間頂多10分鐘！再玩久一點的話貓咪會膩。
我還想要玩!!
當貓咪露出「還想再玩～」的表情時，就可以喊停。
因為突然進行激烈的運動，有可能會讓牠們受傷。
好痛……
貓反而會把疼痛歸咎為飼主的錯，這樣便會影響到彼此之間的信賴關係。
都怪那傢伙
喵!!
被遷怒好可怕！
所以就讓貓咪在無壓力的情況之下繼續減肥吧！
加油！

案例20

讓貓咪有成就感並「意猶未盡」的遊戲法

不要讓玩具垂手可得，不然再怎麼揮動也沒意義！

貓從以前就是靠狩獵為生的動物，但成為家貓的日子已經許久，因此有些貓就懶得再動了。不過依貓的品種不同，個性也有差異。像是性格溫和的布偶貓和波斯貓，與美國短毛貓、阿比西尼亞貓及孟加拉貓相比，就顯得比較文靜。

只要貓咪沒有運動不足，或者因欲求不滿而引起問題行為，體型與體重也適中的話，那就沒有必要強迫牠們運動。無奈的是，現代的貓體型往往偏胖，甚至有資料顯示近60％的貓有肥胖傾向。貓的肥胖會導致糖尿病、心臟病、呼吸系統疾病、關節炎等多種疾病。在這種情況之下，適度讓貓咪運動，好好消耗熱量就顯得相當重要了。

要是不愛動的貓，如果放著不管牠也是不會起來運動的。既然如此，飼主就要好好扛起讓牠玩到欲罷不能的這個重責大任了。再重申一次，飼主要多下一點苦心，找到貓咪喜歡的玩具及玩樂方式，讓牠們迫不及待地想要玩個痛快。

Next

案例
20

最容易失敗的遊戲方法，就是為了吸引貓咪注意而把玩具放在伸手可及的地方晃動。不用起身就能摸到玩具，對貓來說豈有樂趣可言？飼主要在看似垂手可得的地方晃動玩具，刺激貓咪的狩獵本能，讓牠們活動起來。只要拉長走動或跑步的距離，就可增加貓咪的運動量。

最後不要忘記一件重要的事——一定要讓貓咪抓到玩具。「抓到」這個結束的動作不僅會讓貓咪頗有成就感，心情也會更加爽快舒暢。這在動物行為學中稱為「愉悅感」，只要貓咪知道這麼做會很開心，牠們就會越來越愛玩遊戲。

貓咪若是過於心寬體胖，那就先減輕一些體重再開始陪牠們運動吧。在體重過重的情況之下要是玩得太激烈，反而會對牠們的身體造成傷害或疼痛。如此一來，貓咪就會以為玩樂＝會痛的事，而且還會變得越來越不愛玩。想讓貓咪瘦身的飼主可以先諮詢獸醫的意見，千萬不要擅自減少貓咪飼料。

動物行為學所關注的

現今熱門貓事

從動物行為學的角度
來試著思考
近來有關貓的
各種事情。

日本亞熱帶化的高溫潮濕為貓咪生死攸關的大敵

現今熱門貓事 1

善用空調控制室溫及除濕

近年來日本的夏季儼然像是亞熱帶，炎熱無比，但是日益高漲的電費卻又令人在意，這是人類眼中的情況。不過這樣的氣溫對貓來說，情況又是如何呢？

貓本來為生活在炎熱沙漠中的動物，因此耐熱怕冷，只要氣溫低於21℃，體溫就會難以維持下去。因此不管氣候有多炎熱，飼主絕對不可把房間冷氣調得跟冰箱一樣冷。雖說不怕熱，但是貓咪沒有「外泌汗腺」，所以無法排汗。因此體溫調節能力較差，只要室溫超過30℃，生命就會有危險，因此空調最好設定在22～28℃，確保一個可讓貓咪舒適度日的室溫。

但是比室溫還需多加留意的其實是濕度。對於生活在乾燥地區的貓來說，潮濕高溫的日本生活環境其實相當嚴苛。為了避免中暑，飼主要懂得善用空調的除濕功能，並將濕度設定在50～60％之間。夏天若要貓咪自己看家，出門前就要先收好遙控器，免得貓咪不小心按到開關，享受一整天的冷氣。若能在冷氣較強及較弱的地方各擺一張貓床，貓咪就可以根據當下的體感溫度選擇舒適的位置。

利用最新的IoT產品 管理貓咪健康＆檢測疾病！

現今熱門貓事2

管理貓健康的方便工具，讓隱藏的身體不適現形

野生時代的貓通常不會隨便展現脆弱的一面，免得被敵人狙擊。而承襲這個習性的家貓也是一樣，通常會忍住身體不適，直到發現時恐已病入膏肓。

擁有這種習性的貓若要評估健康，最好的參考指標就是進食與排泄。特別是貓非常容易患上腎臟疾病，因此尿液檢查就顯得非常重要了。此時飼主的強大盟友就是智慧型IoT（物聯網，Internet of Things）貓砂盆。只要在手機裡下載APP與貓砂盆連動，飼主就可以隨時得知貓咪的體重、排尿量以及每日如廁次數等資訊。有些機種功能相當多樣，像是排尿次數過多就會發出警訊提醒飼主，有的甚至可以將貓咪排尿的情況拍成影片傳送到智慧型手機裡。

這個IoT技術也可運用在項圈上，讓飼主能即時得知貓咪的一舉一動。不管是走動、玩耍還是睡覺，統統無所遁形。貓咪若是身體不適，活動量往往會跟著減少，因此飼主可以透過項圈提早察覺愛貓「活動量比平時少」。但不管是貓砂盆還是項圈，都需以不會讓貓咪反感為前提。如有計劃使用IoT項圈，最好的方法，就是讓貓咪從小習慣。

能預防日漸增加的貓咪失智症，品項廣泛的營養補給品

現今熱門貓事3

若想貓咪長命百歲 生活中就要多留心

除了自己的生活品質，人類這幾年來也相當注重寶貝貓咪的生活品質（QOL），而不是只顧溫飽。只要是飼主，都會希望貓咪能過得健健康康、充滿活力。

貓是一種獨來獨往的生物，所以失去自主行動能力，對牠們來說是致命的狀況。家貓也是一樣，就算老了也會盡量靠自己移動、進食和排便。為了讓貓咪過得更像貓，飼主勢必要多加關心才行。

近年來專為延長貓咪壽命的營養補給品備受市場矚目，而且種類繁多，有的可以維護腎臟、毛髮以及關節的健康，有的則是可以清潔口腔。只要使用得當，對貓的身心健康就會有助益。

而飼主最常讓貓咪食用的，就是預防失智的營養補給品。這類補給品只要從7歲開始補充，就能有效預防貓咪失智，頗受飼主青睞。雖然失智症發作之後就無法痊癒，但是卻可透過藥物、營養補給品及飲食療法來延緩惡化。有些補充品還可以舒緩攻擊行為和憂鬱症狀，在行為療法第一線經常派上用場。

飼主如果有考慮餵食營養補給品，不妨向經常帶貓咪去看診的獸醫諮詢商量。

成為緊急時刻的保險——貓咪的晶片

現今熱門貓事4

好奇心旺盛的貓 經常發生脫逃事件

雖然現代貓咪幾乎都完全飼養在室內，但是脫逃事件依舊層出不窮、時常耳聞。貓咪的好奇心非常旺盛，只要看見窗戶稍微有個縫，就會立刻鑽出去，甚至為了捕捉飛來院子裡的小鳥而破壞紗窗衝出去。而最常聽到的，就是跟在飼主後面從門口溜出去。原本以為膽小如鼠的貓不會跑出去，但有時還是會因為被巨大聲響嚇到而亂竄逃到外面去。貓只要一陷入恐慌之中，就算飼主大喊阻止也聽不進去。

萬一貓咪要是不小心跑出去，還有個安全網可以幫忙飼主找貓。那就是晶片。晶片裡有一個15碼的數字可以用來辨識個體，只要飼主登錄在案，就可以確定寵物的擁有者。晶片通常是獸醫以專用的工具施打在貓咪皮下，不會像項圈或名牌那樣動不動就遺失。雖說已經打了晶片，但並不保證走失的貓咪一定找得回來，不過因為掃晶片而找回愛貓的飼主確實有增加的趨勢。

說了這麼多，還是那句話：盡量做好防備措施，不要讓貓有機會溜出去。不管是檢查窗戶和紗窗的間隙、門窗有沒有關好，還是在出入口設置閘門，每個家庭都要根據環境妥善防範應對。

現今熱門貓事5

飼主若是長期不在家，那就請貓保姆幫忙

與其送寵物旅館，請人來照顧的壓力比較小

現代家庭的每個人都過得非常忙碌，不是忙著上班、上課，就是要去補習、參加課外活動，導致貓咪獨自看家的時間越來越長。有時飼主還會因為出差或是旅行而連續好幾天都不在家。此時能做的選擇就是寵物旅館與寵物保姆。近年來受到寵物熱潮的影響，寵物旅館和寵物保姆的數量也逐漸在增加。

但是送寵物旅館的話，貓咪的壓力反而會更大。因為對重視地盤的貓咪來說，習慣不一樣的環境是一件非常辛苦的事。而在寄養處從早叫到晚、完全不吃飯，甚至是嚴重到一動也不動地窩成一團的情況更是會不時耳聞。

飼主不在家的時候若是不想讓貓咪離開牠的地盤，另外一個方法就是請寵物保姆來照顧。貓咪對於陌生人雖然會提高警戒心，但是壓力總比離開自己的地盤小。可以的話，最好選擇專門照顧貓咪的貓保姆。

此外，即使不是長期離家，只要飼主生活不規則，或者貓咪看家時間太久，也可考慮拜託寵物保姆代為處理餵食及清理貓砂盆。只要生活規律，就能減少貓咪的壓力喔。

監修

茂木千惠(Mogi Chie)

動物行為學者、獸醫、博士(獸醫學)。日本獸醫動物行為研究會、日本動物護理學會成員。東京大學研究所農學生命科學研究科獸醫學博士課程修畢。曾在日本山崎動物護理大學服務，之後於2023年開設蒙巴尼埃動物行為學研究室股份有限公司，並從事貓狗問題行為治療輔導、問題行為防治調查研究等工作。監修書籍有《貓咪這樣生活好幸福》(楓葉社文化)。亦協助雜誌、電視節目監修內容。

https://www.companion-animalbehavior.jp/

Instagram　@animalbehaviorforwelfare

漫畫

ひぐちにちほ

(Higuchi Nichiho)

家有巴戈犬以及8隻貓的漫畫家。在雜誌及網路連載等各方面極為活躍。日文的著書包括《我家的巴戈是隻貓。(暫譯)》(文化社)、《阿公和貓居住的小鎮(暫譯)》(少年畫報社)與《小春日和(暫譯)》(講談社)。

https://higuchike.thebase.in/

Instagram　@higu_nichi

貓咪行為說明書

用動物行為學剖析毛孩的需求與不安，
共享愜意的人貓生活

2024年3月1日初版第一刷發行

監　　修　茂木千惠
漫　　畫　ひぐちにちほ
譯　　者　何姵儀
編　　輯　吳欣怡
封面設計　R
發 行 人　若森稔雄
發 行 所　台灣東販股份有限公司
　　　　　＜網址＞http://www.tohan.com.tw
法律顧問　蕭雄淋律師
香港發行　萬里機構出版有限公司
　　　　　＜地址＞香港北角英皇道499號北角工業大廈20樓
　　　　　＜電話＞(852)2564-7511
　　　　　＜傳真＞(852)2565-5539
　　　　　＜電郵＞info@wanlibk.com
　　　　　＜網址＞http://www.wanlibk.com
　　　　　　　　　http://www.facebook.com/wanlibk
香港經銷　香港聯合書刊物流有限公司
　　　　　＜地址＞香港荃灣德士古道220-248號
　　　　　　　　　荃灣工業中心16樓
　　　　　＜電話＞(852)2150-2100
　　　　　＜傳真＞(852)2407-3062
　　　　　＜電郵＞info@suplogistics.com.hk
　　　　　＜網址＞http://www.suplogistics.com.hk

ISBN 978-962-14-7538-1